U0145769

WHAT IS AESTHETICS

美学是什么

周宪 著

北京大学出版社
PEKING UNIVERSITY PRESS

图书在版编目(CIP)数据

美学是什么/周宪著. —北京:北京大学出版社,2015.9
(人文社会科学是什么)
ISBN 978-7-301-25896-5

Ⅰ. ①美… Ⅱ. ①周… Ⅲ. ①美学—通俗读物 Ⅳ. ①B83-49

中国版本图书馆 CIP 数据核字(2015)第 121293 号

书　　名 美学是什么
著作责任者 周　宪　著
策划编辑 杨书澜
责任编辑 魏冬峰
标准书号 ISBN 978-7-301-25896-5
出版发行 北京大学出版社
地　　址 北京市海淀区成府路 205 号　100871
网　　址 http://www.pup.cn
电子信箱 weidf02@sina.com
新浪微博 @北京大学出版社
电　　话 邮购部 62752015　发行部 62750672　编辑部 62750673
印 刷 者 北京中科印刷有限公司
经 销 者 新华书店
890 毫米×1240 毫米　A5　12.5 印张　249 千字
2015 年 9 月第 1 版　2022 年 5 月第 5 次印刷
定　　价 48.00 元

阅读说明

亲爱的读者朋友：

非常感谢您能够阅读我们为您精心策划的“人文社会科学是什么”丛书。这套丛书是为大、中学生及所有人文社会科学爱好者编写的入门读物。

这套丛书对您的意义：

1. 如果您是中学生，通过阅读这套丛书，可以扩大您的知识面，这有助于提高您的写作能力，无论写人、写事，还是写景都可以从多角度、多方面展开，从而加深文章的思想性，避免空洞无物或内容浅薄的华丽辞藻的堆砌（尤其近年来高考中话题作文的出现对考生的分析问题能力及知识面的要求更高）；另一方面，与自然科学知识可提供给人们生存本领相比，人文社会科学知识显得更为重要，它帮助您确立正确的人生观、价值观，教给您做人的道理。

2. 如果您是中学生，通过阅读这套丛书，可以使您对人文社会科学有大致的了解，在高考填报志愿时，可凭借自己的兴趣去选择。因为兴趣是最好的老师，有兴趣才能保证您在这个领域取得成功。

3. 如果您是大学生，通过阅读这套丛书，可以帮助您更好地进入自己的专业领域。因为毫无疑问这是一套深入浅出的教学参考书。

4. 如果您是大学生,通过阅读这套丛书,可以加深自己对人生、对社会的认识,对一些经济、社会、政治、宗教等现象做出合理的解释;可以提升自己的人格,开阔自己的视野,培养自己的人文素质。上了大学未必就能保证就业,就业未必就是成功。完善的人格,较高的人文素质是保证您就业以至成功的必要条件。

5. 如果您是人文社会科学爱好者,通过阅读这套丛书,可以让您轻松步入人文社会科学的殿堂,领略人文社会科学的无限风光。当有人问您什么书可以使阅读成为享受?我们相信,您会回答:“人文社会科学是什么”丛书。

您如何阅读这套丛书:

1. 翻开书您会看到每章有些语词是黑体字,那是您必须弄清楚的重要概念。对这些关键词或概念的把握是您完整领会一章内容的必要的前提。书中的黑体字所表示的概念一般都有定义。理解了这些定义的内涵和外延,您就理解了这个概念。

2. 书后还附有作者推荐的书目。如您想继续深入学习,可阅读书目中所列的图书。

我们相信,这套书会助您成为人格健康、心态开放、温文尔雅、博学多识的人。

序　一

让人文情怀和科学精神滋润心田

北京大学校长

一直以来，社会都比较关注知识的实用性，“知识就是力量”“科学技术是第一生产力”，对于一个物质匮乏、知识贫乏的时代来说，这无疑是非常必要的。过去的几十年，中国经济和社会都发生了深刻变化，常常给人恍如隔世的感觉。互联网+、跨界、融合、大数据，层出不穷、正以难以想象的速度颠覆传统……。中国正与世界一起，经历着更猛烈的变化过程，我们的社会已经进入到以创新驱动发展的阶段。

中国是唯一一个由古文明发展至今的大国，是人类发展史上的奇迹。在近代史中，我们的国家曾经历了百年的苦难和屈辱，中国人民从未放弃探索伟大民族复兴之路。北京大学作为中国最古老的学府，一百多年来，一直上下求索科学技术、人文学科和社会科学的发展道路。我们深知,进步决不是忽视既有文明的积累,更不可能用一种文明替代另一种文明,发展必须充分吸收人类积累的知识、承载人类多样化的文明。我们不仅应当学习和借鉴西方的科学和人文情怀,还要传承和弘扬中国辉煌的文明和智慧,这些正是中国大学的历史使命,更是每个龙的传人永远的精神基因。

通俗读物不同于专著,既要通俗易懂,还要概念清晰、更要喜闻乐见,让非专业人士能够读、愿意读。移动互联时代,人们的阅读习惯正在改变,越来越多的人喜欢碎片化地去寻找和猎取知识。我们真诚地希望,这套"人文社会科学是什么"丛书能帮助读者重拾系统阅读的乐趣,让理解人文学科和社会科学基本内容的欣喜丰盈滋润心田;我们更期待,这套书能成为一颗让人胸怀博大的文明种子,在读者的心田生根、发芽、开花、结果。无论他们从事什么职业,都能满怀人文情怀和科学精神,都能展现出中华文明和人类智慧。

历史早已证明,最伟大的创造从来都是科学与艺术的完美结合。我们只有把科学技术、人文修养、家国责任连在一起,才能真正懂人之为人、真正懂得中国、真正懂得世界,才能真正守正创新、引领未来。

序　　二

重视人文学科　高扬人文价值

北京大学校长

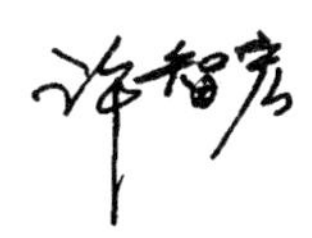

人类已经进入了21世纪。

在新的世纪里,我们中华民族的现代化事业既面临着极大的机遇,也同样面临着极大的挑战。如何抓住机遇,迎接挑战,把中国的事情办好,是我们当前的首要任务。要顺利完成这一任务的关键就是如何设法使我们每一个人都获得全面的发展。这就是说,我们不但要学习先进的自然科学知识,而且也得学习、掌握人文科学知识。

江泽民主席说,创新是一个民族的灵魂。而创新人才的培养需要良好的人文氛围,正如有些学者提出的那样,因为人文和艺术的教育能够培养人的感悟能力和形象思维,这对创新人才的培养至关重要。从这个意义上说,人文科学的知识对于我们来说要显得更为重要。我们迄今所能掌握的知识都是人的知识。正因为有了人,所以才使知识的形成有了可能。那些看似与人或人文学科毫无关系的学科,其实都与人休戚相关。比如我们一谈到数学,往往首先想到的是点、线、面及其相互间的数量关系和表达这些关系的公理、定理等。这样的看法不能说是错误的,但却是不准确的。因为它恰恰忘记了数学知识是人类的知识,没有人类的富于创造性的理性活动,我们是不可能形成包括数学知识在内的知识系统的,所以爱因斯坦才说:“比如整数系,显然是人类头脑的一种发明,一种自己创造自己的工具,它使某些感觉经验的整理简单化了。”数学如此,逻辑学知识也这样。谈到逻辑,我们首先想到的是那些枯燥乏味的推导原理或公式。其实逻辑知识的唯一目的在于说明人类的推理能力的原理和作用,以及人类所具有的观念的性质。总之,一切知识都是人的产物,离开了人,知识的形成和发展都将得不到说明。

因此我们要真正地掌握、了解并且能够准确地运用科学知识,就必须首先要知道人或关于人的科学。人文科学就是关于人的科学,她告诉我们,人是什么,人具有什么样的本质。

现在越来越得到重视的管理科学在本质上也是“以人为本”的学科。被管理者是由人组成的群体,管理者也是由人组成的群体。管理者如果不具备人文科学的知识,就绝对不可能成为优秀的管理者。

但恰恰如此重要的人文科学的教育在过去没有得到重视。我们单方面地强调技术教育或职业教育,而在很大的程度上忽视了人文素质的教育。这样的教育使学生能够掌握某一门学科的知识,充其量能够脚踏实地完成某一项工作,但他们却不可能知道人究竟为何物,社会具有什么样的性质。他们既缺乏高远的理想,也没有宽阔的胸怀,既无智者的机智,也乏仁人的儒雅。当然人生的意义或价值也必然在他们的视域之外。这样的人就是我们常说的“问题青年”。

当然我们不是说科学技术教育或职业教育不重要。而是说,在学习和掌握具有实用性的自然科学知识的时候,我们更不应忘记对于人类来说重要得多的学科,即使我们掌握生活的智慧和艺术的科学。自然科学强调的是“是什么”的客观陈述,而人文学科则注重“应当是什么”的价值内涵。这些学科包括哲学、历史学、文学、美学、伦理学、逻辑学、宗教学、人类学、社会学、政治学、心理学、教育学、法律学、经济学等。只有这样的学科才能使我们真正地懂得什么是真正的自由、什么是生活的智慧。也只有这样的学科才能引导我们思考人生的目的、意义、价值,从而设立一种理想的人格、目标,并愿意为之奋斗终生。人文学科的教育目标是发展人性、完善人格,提供正确的价值观或意义理论,为社会确立正确的人文价值观的导向。

国外很多著名的理工科大学早已重视对学生进行人文科学的教育。他们的理念是,不学习人文学科就不懂得什么是真正意义的人,就不会成为一个有价值、有理想的人。国内不少大学也正在开始这么做,比如北京大学的理科的学生就必须选修一定量的文科课程,并在校内开展多种讲座,使文科的学生增加现代科学技术的知识,也使理科的学生有较好的人文底蕴。

我们中国历来就是人文大国,有着悠久的人文教育传统。古人云:“文明以止,人文也。观乎天文,以察时变,观乎人文,以化成天下。”这一传统绵延了几千年,从未中断。现在我们更应该重视人文学科的教育,高扬人文价值。北京大学出版社为了普及、推广人文科学知识,提升人文价值,塑造文明、开放、民主、科学、进步的民族精神,推出了“人文社会科学是什么”丛书,为大中学生提供了一套高质量的人文素质教育教材,是一件大好事。

2001 年 8 月

人文素质在哪里？

——推介“人文社会科学是什么”丛书

乐黛云

人文素质是一种内在的东西，正如孟子所说：“仁义礼智根于心，其生色也睟然，见于面，盎于背，施于四体，四体不言而喻。”(《尽心上》)人文素质是人对生活的看法，人内心的道德修养，以及由此而生的为人处世之道。它表现在人们的言谈举止之间，它于不知不觉之时流露于你的眼神、表情和姿态，甚至从背后看去也能充沛显现。

要培养和提高自己的人文素质，首先要知道在历史的长河中人类创造了哪些不可磨灭的最美好的东西；其次要以他人为参照，了解人们在这浩瀚的知识、艺术海洋中是如何吸取营养，丰富自己的；第三是要勤于思考，敏于选择，身体力行，将自己认为真正有价值的因素融入自己的生活。要做到这三点并不是一件容易的事，往往会茫无头绪，不知从何做起。这时，人们多么希望能看到一条可以沿着向前走的小径，一颗在前面闪烁引路的星星，或者是过去的跋涉者留下的若隐若现的脚印！

是的，在你面前的，就是这条小径，这颗星星，这些脚印！这就是:《哲学是什么》《美学是什么》《文学是什么》《历史学是什么》《心理学是什么》《逻辑学是什么》《人类学是什么》《伦理学是什么》《宗教学是什么》《社会学是什么》《教育学是什么》《法学是什么》《政治学是什么》《经济学是什么》,等等,每册15万字左右的"人文社会科学是什么"丛书。这套丛书向你展示了古今中外人类文明所创造的最有价值的精粹,它有条不紊地为你分析了各门学科的来龙去脉、研究方法、近况和远景;它记载了前人走过的弯路和陷阱,让你能更快地到达目的地;它像亲人,像朋友,亲切地、平和地与你娓娓而谈,让你于不知不觉中,提高了自己的人生境界!

要达到以上目的,丛书的作者不仅要有渊博的学问,还要有丰富的治学经验和远见卓识,更重要的是要有一种走出精英治学的小圈子,为年青的后来者贡献时间和精力的胸怀。当年,在邀请作者时,策划者实在是十分困难而又费尽心思!经过几番艰苦努力,丛书的作者终于确定下来,他们都是年富力强,至少有20年学术积累,一直活跃在教学科研第一线的,有主见、有创意、有成就的学术骨干。

《历史学是什么》的作者葛剑雄教授则是学识渊博、声名卓著、足迹遍及亚非欧美的复旦大学历史学家。其他作者的情形大概也都类此,他们繁忙的日程不言自明,然而,他们都抽出时间,为这套旨在提高年轻人人文素质的丛书进行了精心的写作。

《哲学是什么》的作者胡军教授,早在20世纪90年代初期就已获北京大学哲学博士学位,在中、西哲学方面都深有造诣。目前,他不仅要带博士研究生、要上课,而且还是统管北京大学哲学系全系科研与教学的系副主任。

《美学是什么》的作者周宪教授,属于改革开放后北京大学最早的一批美学硕士,后又在南京大学读了博士学位,现任南京大学中文系系主任。

从已成的书来看,作者对于书的写法都是力求创新,精心构思,各有特色的。例如胡军教授的书,特别致力于将哲学从狭小的精英圈子里解放出来,让人们懂得:哲学就是指导人们生活的艺术和智慧,是对于人生道路的系统的反思,是美好的、有意义的生活的向导,是我们正不断地行进于其上的生活道路,是爱智慧以及对智慧的不懈追求,是力求提升人生境界的境界之学。全书围绕“哲学为何物”这一问题,层层展开,对“哲学的问题”“哲学的方法”“哲学的价值”等难以通俗论述的问题做了清晰的分梳。

葛剑雄教授的书则更多地立足于对现实问题的批判和探讨,他一开始就区分了“历史研究”和“历史运用”两个层面,提出对“历史研究”来说,必须摆脱政治神话的干扰,抵抗意识形态的侵蚀,进行学科的科学化建设。同时,对“影射史学”“古为今用”“以史为鉴”“春秋笔法”,以及清宫戏泛滥、家谱研究盛行等问题做了深入的辨析,这些辨析都是发前人所未发,不仅传播了知识而且对史学理论也有独到的发展和厘清。

周宪教授的《美学是什么》更是呈现出极为新颖独到的构思。该书在每一部分正文之前都选录了几则古今中外美学家的有关警言,正文中标以形象鲜明生动的小标题,并穿插多处小资料和图表,“关键词”和“进一步阅读书目”则会将读者带入更深邃的美学空间。该书以“散点结构”的方式尽量平易近人地展开作者与读者之间的平等对话;中、西古典美学与现代美学之间的平等对话;作者与中、西古典美学和现代美学之间的平等对话,因而展开了一道又一道多元而开阔的美学风景。

这里不能对丛书的每一本都进行介绍和分析,但可以确信地说,读完这套丛书,你一定会清晰地感觉到你的人文素质被提高到了一个新的境界,这正是你曾苦苦求索的境界,恰如王国维所说:“众里寻他千百度,回头蓦见,那人正在灯火阑珊处。”于是,你会感到一种内在的人文素质的升华,感到孟子所说的那种“见于面,盎于背,施于四体”的现象,你的事业和生活也将随之进入一个崭新的前所未有的新阶段。

开 篇 絮 语

亲爱的读者，此刻，你已经打开了这本小书，开始你的阅读。

在你阅读开始之前，请允许我先说几句也许不算是题外的话。

其实，阅读是一种对话，一种参与，一种设身处地进入作者写作情境的旅程。你的到来使我倍感亲切，因为在你的思绪介入之前，这本书或是静静地摆放在图书馆的书架上，或是整齐地陈列在书店里，它们还只是一个沉默不语的印刷物。你的到来，打开此书，眼睛在白纸黑字间穿梭，一个世界被开启了。于是，这本小书便被赋予了生命。思想的交流由此展开，毋庸置疑，你的阅读拉开了作者与读者之间对话的帷幕。

当然，这并不是通常意义上的对话，因为你和我并不在同一时空里，我的写作时间在你介入的阅读之前早已开始，它属于过去时；而你的阅读时间正是此刻当下。这里显然有一个时间的距离。进一步，我是在古城金陵台城脚下的一间书房里写作此书的，窗外是一片银杏树林和明代古城墙。窗中的风景四季变换，只是古城墙依旧。静与动、历史与现实的交织，无形地融会在写作中。的确你翻开这本书时，也许在江南，也许在塞北。总之，我们之间有一个空间的距离。虽然时空的距离将我们隔开，无法面对面地倾谈，但古人所说的“精骛八极,心游万仞”却是可能的。即是说,通过这本小书的阅读,你我想象性地对话,彼此交流想法和体会 ,这其实也是审美活动的真谛所在。

所谓审美活动的真谛,我想说的是审美活动和作为其理论形态的美学,都蕴含了一种平等的对话理念。美学不是颐指气使的专断知识,也不是专家权威的自语独白,从柏拉图的“对话录”,到《论语》的语录对话体,这些洋溢着美学精神的文本都是对话性的。诚然,对话并不只是体现在面对面的交流形式,它更是一种内在的精神和观念的接触。你的阅读,以及你有形或无形的反馈,都构成了真正意义上的对话。

要对话当然有个话题,现在我要谈的话题是:“美学是什么?”这个话题听起来有点大而无当,漫无边际。你知道,当代正处于一个科学知识急剧膨胀的时代,任何一个学科,无论是传统的古老知识,抑或新型科学系统,都不乏鸿篇巨制。在图书馆或书店走一走,就会发现林林总总的高头讲章。这里,我们既无那么多时间闲聊,又无那么多空间篇幅展开。所以我想,“大题小做”不失为和你倾谈的上策。于是,我挑出一些重要的小题目,分章来叙说。这种方法既节省时间,又自由活泼,还便于你停下来掩卷静思,细细琢磨。

英伦作家福斯特有一小说,题为《带风景的房间》。我觉得这书名听起来很别致,似也挺适合本书的情境。此书关于“美学是什么”的交谈,在我看来,它其实就是一次对美学风景的浏览。“带风景的房间”一定是一间位置极佳的屋子,打开窗户可以瞥见不同景观。这本小书恰似一个“带风景的房间”,我们是通过这个房间去欣赏美学风景,边看边聊。那一个个的小话题,恰似房间里不同朝向的窗户,透过这些窗户,我们瞥见美学风景的不同侧面,相信你最终会把这些局部景观在心里组合成一个完整的美学图景。

那么,就让我们言归正传,开始赏析美学的风景吧!

目录
CONTENTS

风景一

伊斯特惕克

[美学的]对象就是广大的美的领域,说得更精确一点,它的范围就是艺术,或则毋宁说,就是美的艺术。

对于这种对象,“伊斯特惕克”(Aesthetik)这个名称实在是不完全恰当的,因为“伊斯特惕克”的比较精确的意义是研究感觉和情感的科学。就是取这个意义,美学在沃尔夫学派之中,才开始成为一种新的科学,或则毋宁说,哲学的一个部门;在当时德国,人们通常从艺术作品所引起的愉快、惊赞、恐惧、哀怜之类情感去看艺术作品。……我们的这门科学的正当名称却是“艺术哲学”,或则更确切一点,“美的艺术的哲学”。

——黑格尔《美学》第一卷

亲爱的读者,当你走入一间"带风景的房间",推开一扇窗户,外面的风景扑面而来。于是,我们坐在窗前,一边茗茶,一边欣赏风景,并侃侃而谈起来。

人世间的风景有各式各样,江南与塞北迥然异趣,黄山和庐山判然有别。风景的多样性恰恰证明了我们生活世界的多样性。其实,**美学**也是一道风景,而要谈论眼前的风景,免不了要进入美学。说美学也是一道风景,一个意思是说美学的风景也有别于其他学科的知识景观,因此,要了解美学,就要搞清楚风景是啥样的。从词源学上说,汉语中"美学"这个概念,对应的西语是 Aesthetica(音译"伊斯特惕克")。汉语的美学概念,据考证是根据日语对 Aesthetica 的翻译而来的。就这个概念的直观意义而言,每当说到"美学",人们常识性的理解往往是:美学乃"关于美的学问"。这种常识性的理解没错,但又不完全。

那么,我们该如何谈论并思考伊斯特惕克呢?这就等于问:我

图1　宋 范宽《雪景寒林图》

们该如何欣赏美学的风景呢？

中国古典绘画源远流长，博大精深，自成一体。中国画家观看和表现自然风景的方法和观念迥异于西方画家。有人概括为所谓“散点透视”，它全然不同于西方绘画的“焦点透视”，古人把这种不断游移变动的观景法则概括为“三远”法，宋代大画家郭熙说：“山有三远：自山下而仰山巅，谓之高远。自山前而窥山后，谓之深远。自近山而望远山，谓之平远。高远之色清明，深远之色重晦，平远之色有明有晦。”①这看山的“三远”法，实乃观看山景的三种不同方式，可仰视，亦可远视，还可以平视。不同的观法，自然看到不同的景象。看山尚如此，看美学的风景更有多种观法，而不同的观法也就会看到美学的不同景观。

一种观法是顺着历史的线索浏览，追根溯源地探寻美学起源，然后将其历史嬗变一一道来。不消说，这是一种美学史的观法，它的好处在于可以描述美学的历史轨迹和不同时代的景观。另一种观看方式是从美学最基本问题入手，比如从“什么是美”这个千古难题开始，进而引发出一系列美学的基本命题和范畴，最终建构起一个美学理论体系。显然，这是一种逻辑推演式的审视。第三种观法是把目光集中在日常美学现象上，由现象进入背后的本质，由具体上升到抽象，步步递进，深入到美学的胜景，这是一种经验性的观

---

① 郭熙：《林泉高致》，沈子丞编：《历代论画名著汇编》，文物出版社 1982 年版，第 71 页。

法。这三种方法各有所长,也各有所短。所以,我们不妨兼容并包,取长补短,将三种方法结合起来。打开一扇窗看到一片景,再开一扇窗,看到又一片景,透过几扇不同的窗户,我们看到了不同的风景,最终形成一个美学的全景图。

俗话说,万事开头难。那么,就让我们从具体的美学现象聊起吧!

作为生活现象的美学

美学何处寻?答案是:美学无处不在。

俗话说,"踏破铁鞋无觅处,得来全不费工夫"。细细想来,找寻美学也颇有些这样的意味。美学并不是一个像茶杯或桌子那样的物品俯拾即得,那么,美学究竟在哪里呢?它是在历代美学家的头脑里?还是在图书馆那卷帙浩繁的美学典籍里?还是在师生济济一堂的教室里?真可谓"踏破铁鞋无觅处"。其实,美学就在我们周遭的日常生活中,它和我们朝夕相伴,只不过我们常常未能察觉而已。所以,找寻美学又"得来全不费工夫"。

说美学和我们朝夕相伴,无非是说美学并非高不可攀的玄学奥义。你我也许天天都会遭遇美学,因为美学观念和道理就在饮食起居或交往劳作这样的日常活动中。往大处说,美学乃是关于我们生活中诸多审美现象的哲学思考;往小处讲,这些思考其实常常呈现在我们司空见惯的生活现象里。也许你有过登临泰山的体验，在“一览众山小”的磅礴豪气中，你感悟到大自然的伟岸和崇高；也许，你深夜居于书房一隅，静静地读着鲁迅的小说，不免浮想联翩，真正动情了；也许，你亲手制作了一件家具，那造型和结构体现出你自己的风格和趣味。我们还可以列举许许多多的“也许”，但我想说，当你这么去行动时，当你伴随行动而有所感、有所思时，你已在不知不觉中步入美学了。

一俟说到美学，最容易让人联想到的就是“美”。从人体的美到服饰的美，从家居装饰到城市形象，美作为常见的文化现象和人的一种诉求，总是相伴在现实生活里。马克思曾提出，人之所以和动物不同，因为人是按照美的规律来塑造物体。[①] 在马克思看来，动物无法摆脱“直接的肉体需要的支配”来生产，因而天鹅和鸵鸟各有各的生活范围和方式，其物种的特定性是预先规定好的，其生存方式是无法突破的。人则有所不同，他具有不确定性和超越性，因而可以摆脱直接的肉体需要来生产，所以，人才可以按照任何物种的尺度来生产。于是，美作为人类生活和生产的一个尺度，便深刻地制约着人类。俗话说得好：爱美之心，人皆有之。

既然美是生活中的常见现象，那么，何谓美呢？

我们暂且回到两千多年前的古希腊，看看美的观念是如何在那里萌芽的。在希腊，美是一种理想，一种神圣的、不可企及的典范，

---

① 马克思：《1844 年经济学—哲学手稿》，人民出版社 1979 年版，第 51 页。

图 2 《宙斯或波塞冬》

引导着希腊人的生活。美学史研究认为,希腊人是西方最早发现美的民族。以至于德国艺术史家温克尔曼坦言:现在广泛流传的美的高雅趣味,最初是在希腊的天空下形成的,据说:“米涅瓦由于这个国家的气候温和,没有选择其他地方而是把它提供给希腊人作为生息之地,以便产生出杰出人才。”[①]希腊男青年从小接受角斗和游泳训练,形体美为人们所崇尚。隆重的奥林匹克运动会成了展示健美体型和坚强意志的盛会,而一个城市的赛美大会一旦选出冠军,就会为他制作一尊雕像,以志纪念并激励后人。历史地看,也许是希腊人最先发现了人体美并大加赞美。他们不但乐于展示自己的身体,而且被要求学习绘画,以便学会敏锐地观察和判断人体美。伟大的哲学家苏格拉底经常前往竞技学校,向青年人教授如何塑造并欣赏人体的美,而伟大的艺术家菲狄亚斯则记录下美的瞬间,将它们表现在艺术作品中。所以温克尔曼写道:“任何别的民族都没有像希腊人那样使美享受如此的荣誉。因此,在希腊人那里,凡是可以提高美的东西没有一点被隐藏起来,艺术家天天耳闻目见,美甚至成为一种功勋。”[②]

希腊人在追求美的道路上,不但忠实地模仿美的形象,而且为了追求美的典范性,不惜以理想的美来塑造自己,要求艺术。艺术史家发现一个有趣的现象,希腊的雕像有一个共同的特点,前额和

---

① 温克尔曼:《希腊人的艺术》,广西师范大学出版社 2001 年版,第 1 页。
② 同上书,第 108 页。

鼻子几乎形成一条平直的线形,这种理想的塑形旨在体现出希腊人所认为的理想之美,它超越了一切世俗的美。据传,伟大的艺术家宙克西斯就曾要求,如若描绘海伦的美,必须要集希腊美女美之总和,因此,海伦的美绝非个别的美,而是普遍的美和绝对的美。所以我们看到,希腊雕塑中女神的美总是那样高贵而完满,神圣而不可企及。温克尔曼把希腊雕塑的美学风格精辟地描述为"高贵的单纯和静穆的伟大"。米洛的维纳斯便是这种理想的美的典范(详后),而尼多斯的阿芙洛狄特(即维纳斯)也体现了这样的风格。

中国文化与西方有所不同,美的概念没有希腊文化中那样至高无上的地位。但是在中国历史上,美的争论和相关理论也很多。与古希腊时代相当的中国先秦时代,我们的先哲们就开始讨论美的问题了。孔子就有"尽善尽美"说,老子有"天地有大美而不言"说等。所不同的是,中国文化与西方文化关于美的看法,以及美的表现形式有所不同而已。

从宙克西斯生活的年代到今天,斗转星移,两千多年过去了,人们关于美的看法是否发生了变化呢?今天,在我们的日常生活中,从影视作品到广告,从选美到美容,从自拍照到婚纱照,人们追求和表现美的冲动有增无减。既然美在我们的日常生活中如此普遍,那么我们不妨追问一句,人们是如何来判断人形体的美和面容的美呢?其中有无美的标准和规范?如果有,和古代希腊人和中国古代先民美的观念有什么区别呢?当我们开始思考这些问题时,就已经不知不觉深入到美学中去了。

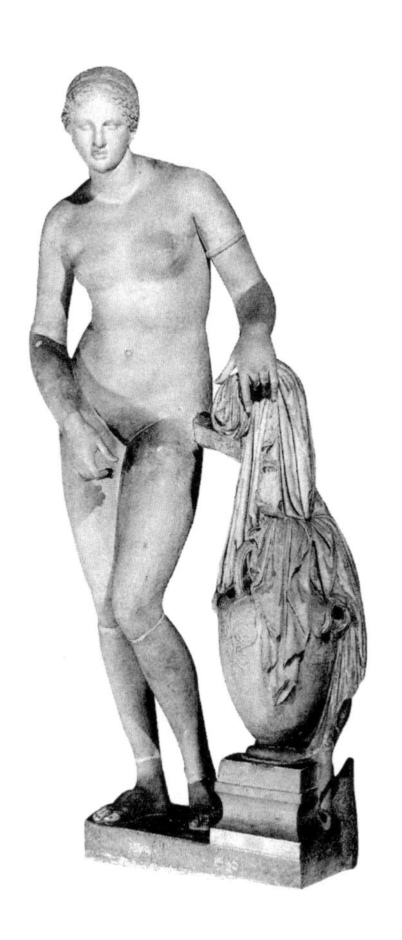

图 3　《尼多斯的阿芙洛狄特》

人们常说“萝卜青菜人各有爱”，美与不美完全在于个人的感觉。这话虽然有理，但对美学来说是远远不够的。尽管柏拉图早就断言“美是难的”，但关于美之谜的探索几千年来从未停止过。人们孜孜以求地探索关于美的判断的原则和标准，同时人们也从未停止过对美的狂热追索。所以说，爱美之心人皆有之。

20 世纪后期，一些心理学家所做的经验研究很有趣，它们在一定程度上证实了希腊人美的观念。比如，美国德州大学（奥斯丁分校）心理学教授朗洛瓦，自 80 年代以来，持续不断地在探问一个难题：人们如何判断美的？她的探问集中在两个问题上：什么样的人脸才是美的？吸引婴儿和成人注意力的美是否一样？自古以来，人们已经创造了许多关于美的神话，它们演变成各种流行的观念，比如美只在人的心里，美因人、种族和文化而异，美的标准随时代不同而发生变化，美是人的第一印象，美的标准是通过媒介反复呈示而习得的，等等。这些在常识上被视为理所当然的美的“神话”可靠吗？朗洛瓦对此表示怀疑。于是，她就把目光转向什么样的人脸是美的这样一个平常的问题。

朗洛瓦充分利用电脑图像合成技术，随机选择了德州大学 96 位男生和 96 位女生的照片，将这些照片各分成三组，每组 32 张。把这些男女学生的照片输入电脑后，用一种特殊的电脑程序将这些照片在五个算术级数上合成，即分别用 2 张、4 张、8 张、16 张和 32 张照片合成一张人像。她想知道的是，不同的算术级数的合成图像是否在美的程度上有所不同。更进一步，她邀请 300 人对这些合成图像的美之程度进行评级打分。经过统计,结果令人惊奇:算术级数越高的合成图像,便越具有吸引力,也就越美。在男性合成图像中,16 张照片的合成图像被评价最高,而在女性的合成图像中,32 张照片的合成人像评分最高。16 张照片的合成人像往往被认为是比较美的,而 8 张照片以下的合成图像美的程度就不那么明显了。

MATHEMATICALLY AVERAGED CAUCASIAN FEMALE FACES

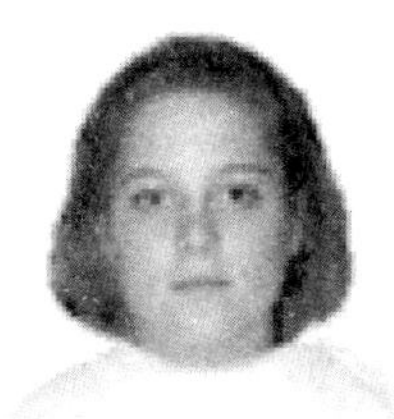

4-FACE COMPOSITE

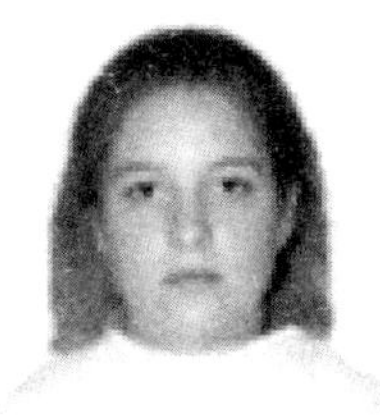

8-FACE COMPOSITE

16-FACE COMPOSITE

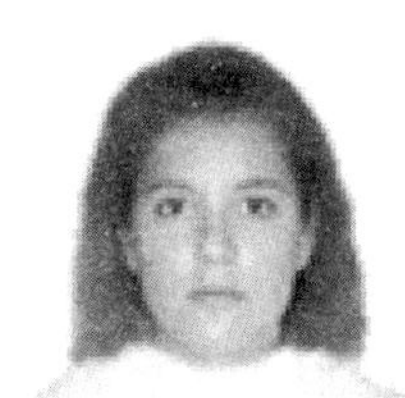

32-FACE COMPOSITE

图 4　电脑合成的白人女性头像

左上为 4 像合成,右上为 8 像合成,左下为 16 像合成,右下为 32 像合成。

(可在如下网站下载更清楚的图像:http://homepage. psy. utexas. edu/homepage/group/langloislab/averagenessbeauty. html)

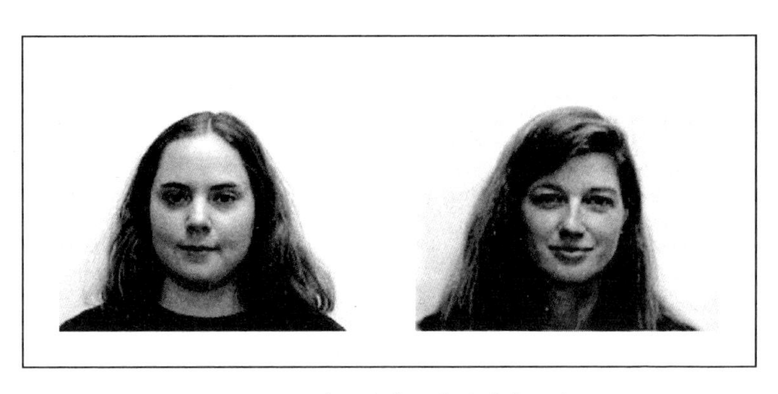

图5　两张参与合成图像的学生照片

她们是个性化的和独特的,可与图4比较。

这个试验发现,人们视觉上普遍认为的人脸的美,实际上是一种趋中状态或常模,它集合了人的诸多特征而具有某种普遍性。只要比较一下图4和图5,便可发现其中的奥秘。图4是经过合成的人像,而图5则是参与合成的具体生动的个体图像,两者的区别就在于前者趋近一种各种人脸的平均值,或者说是中间状态;而后者则是千变万化各具个性的,殊不相同。这一结果似乎证实了希腊关于美的理想模式的观念。既然海伦的美不是具体个别的美,而是一种集诸美女之大成的理想美,那么今天用科学的语言来说,也正是一种平均状态或常模。“我们和研究同仁已用简洁明了的术语界定了人脸的美,即具有吸引力的人脸乃是接近于人脸总数的平均值。”[1]一般人们认为,漂亮的脸应是对称的、年轻的和微笑的,但朗洛瓦教授发现,这些并不是美的必要条件。人脸的美关键在于是否趋近于一种平均值(averageness),亦即一种人脸的常模。这才是吸引人们视觉注意力从而构成美的唯一因素,没有它,即使年轻、对称和表情宜人,也不可能构成美的吸引力,因而也就谈不上美了。[2]

在此基础上,朗洛瓦教授进一步探究。她把经常在媒体上亮相的模特儿的脸与经过合成的人脸进行比较,经过电脑分析得出一个结论:大凡被认为漂亮的女性的脸往往非常接近32张照片合成的人像。这就是说,在日常生活中被人们视为美的人脸往往接近平均值,接近常模。或者用中国的传统概念来描述,美的人脸是趋向于某种中庸状态。

如果说美是一种平均值或常模的话,那么,朗洛瓦教授进一步思考的问题是,成人对美的判断与婴儿是否相同?这个问题所引发的相关的美学问题是,在日常生活中,我们的审美判断受制于文化的熏陶和影响,不同的文化境况决定了不同的审美观。美学上的一句谚语是“趣味无争辩”,说的是个人的审美偏爱是无可争议的。一般的美学理论则主张,审美观念的形成完全是一个社会化的过

① Langlois, J. H., & Musselman, L. (1995). The myths and mysteries of beauty. In D. R. Calhoun (ed.), *1996 Yearbook of Science and the Future*. Chicago: Encyclopaedia Britannica, Inc., p.55.

② Langlois, J. H., & Roggman, L. A. (1990). Attractive faces are only average. *Psychological Science*, 1, 115—121.

程,是一种社会习得的过程,美与不美的观念从来不是与生俱来的。那么,尚未受到文化影响的婴儿在审美判断上会如何表现呢?他们是否与成人相同?这种对比研究有助于说明审美判断的文化影响的复杂性。

为了搞清这个问题的答案,朗洛瓦把问题的焦点设置为:婴儿与成人对美的人脸是否有判断的一致性?这项研究的结果耐人寻味,无论实验者使用的是白人或黑人图像,成人或儿童的图像,3 至 6 个月的婴儿都明显体现出一个明显的倾向,那就是成人通常认为美的人像,对婴儿也具有同样的吸引力。实验中发现,婴儿喜欢凝视美的人像,而不愿注视缺乏吸引力(即不美)的人像,他们注视前者的时间远多于后者。这个发现带来了新的疑问:婴儿所表现出的视觉偏爱是否也延伸到婴儿的其他行为上?于是,朗洛瓦请一个专业面具师制作了美丑的两副面具,以陌生人的面目出现在 60 个 1 岁大的婴儿面前。结果显示,对美的人脸面具的视觉偏爱可扩展到婴儿的其他行为差异上,比如婴儿更喜欢接近漂亮的陌生人,爱和漂亮的人嬉戏玩耍,但却不喜欢接近缺乏吸引力(不美)的陌生人。①

仅就人脸的美或视觉吸引力,竟然引出如此之多的美学问题,这也许会引起你对美学的兴趣和思考。确实,我们每天都会遇到许

---

① Langlois, J. H., Roggman, L. A., Rieser-Danner, L. A. (1990). Infants' differential social responses to attractive and unattractive faces. *Developmental Psychology*, 26, 153—159.

许多多不同的人，他们的长相、表情、姿态和形体各不相同，一旦他们的形象进入我们的视觉，我们便会对这些视觉形象作出有意识或无意识的判断。这些判断就触及美学问题，尤其是审美的判断标准问题，只不过我们对此尚未自觉而已。诚然，朗洛瓦教授的研究并非无懈可击，尚有不少问题值得进一步探究。但是，这个研究生动地说明美学就存在于日常生活中。美学的风景无处不在，并不一定要到美术馆或音乐厅或剧院里才寻觅到，它就在我们生活的周遭环境里。如果你多一点美学修养，掌握一些美学知识，那就会更加自觉地体验和反省日常生活中的审美现象了。

从日常生活现象入手，很容易进入美学理论的思考。以上心理学的实验所引发的美学问题，已经脱离了人们的常识，进入了更加理论化的思考，涉及许多复杂的哲学问题。比如，这个实验隐含的问题之一是，如果美就是某种平均值，这与传统美学的"美即典型"的命题是否有关？它与个性化和独特性又是一种什么样的关系呢？另一个问题是，是否真的存在着超越种族、文化甚至历史的美的普遍标准？美的判断力的生成是先天的还是后天的？看来，美学其实并不那样高深莫测，美学的思索就在我们的日常生活实践之中。

假如你进入艺术领域，便会遇到更多的美学问题。劳作之余，你沉醉在唐诗宋词的意境里，体会《红楼梦》中大观园里各式人物的命运，为《雷雨》那惊心动魄的矛盾冲突所震撼，流连于《兰亭序》那隽永优美的形式美感中，这也就进入一个审美的世界。在那里，美学问题会一个接着一个纷至沓来。假设一个音乐会的情境，人们是如何理解音乐的？不同的人以不同心境去聆听同一首乐曲，如肖邦的《夜曲》，或是维瓦尔蒂的《四季》，他们会有完全不同的感受和理解吗？美学研究发现，一个人听音乐的特殊心境甚至情绪状态，会深刻地影响到他对音乐的理解和记忆。比如，一个失业的或倒运的人，与一对处在热恋中的情侣去聆听同一首乐曲，效果会全然不同。这对恋人虽不通音乐，但热恋时的情绪状态足以使他们感到"这是所听过的最好的乐曲"，因为当下极佳的情绪状态影响了他们对作品的感知；相反，一个由于失业而情绪低落的人，在听了这同一首乐曲之后，则往往对乐曲没有什么印象，甚至会认为这首乐曲一无是处。为什么同一乐曲会有如此之大的差异呢？这又涉及美学的诸多复杂问题。

至此，亲爱的读者可以进入美学的风景深处去打探究竟了。

作为一门学科的美学

虽然说美学无处不在，我们日常生活中蕴含着复杂的美学现象和美学问题，但这些好像还不是美学自身。当你系统地观察这些现象，抽象地思考这些问题时，美学作为一门学科，或作为一个知识系统便出现了。"美学"是一个偏正词组，"美"是修饰"学"。"学"，亦即"学问""学说"也。从语义上说，美学似乎就是关于"美"的"学问"，就像生物学是关于生物的学问，教育学是关于教育的学问一样，所以美学是一门独立的学科，一个独特的知识系统。

假如你想去图书馆里借阅美学书籍，首先要查询美学书籍属于哪个分类号，否则便是大海捞针了。科学发展到今天，各门知识不但自身系统化了，而且整个人类知识系统也都系统化了。恰似旅游要有旅游地图，航海要有航线图一样，求索美学也必须考察它所属的学科门类和性质。既然是一门学科，那么，我们首先要搞清它在人类知识体系中的分类学上的位置和特性。

人类知识的进步不仅体现为知识观念的更新发展，还体现为知识本身的系统化和分类的细化。历史地看，人类知识在古代并未呈现出具体细分的特征。在原始文化中，宗教的、哲学的、美学的、医学的、技术的种种知识，不分青红皂白地混杂在原始宗教之中。知识在现代有一个明显的发展趋势，那就是不断地分化和专业化，今天这种分化和专业化已达到了令人惊异的地步。中学里有语、数、外、理、化、生的分科，到了大学，专业和系科区分更是具体、专门和细微。我们要了解美学，千万不能跑错了门儿。那么，美学在人类知识分类系统中位置何在？要说清这个问题，又得回答美学在历史上是怎样出现的问题。一旦触及这个问题，我们对美学风景的欣赏也就进入了某种历史的透视。就像下图一样，现代知识系统是由高度细分的各个不同知识领域所构成，它们彼此相区别，有的相关并距离很近，有的不相干且距离很远。

图 6　现代知识分化系统示意图

就让我们把目光转向18世纪中叶的德国,因为那个时刻对美学来说,可谓是一个关键时期。1735年,一位年轻而又名不见经传的哲学家鲍姆加通写了一本题为《诗的哲学沉思录》的书。类似书名的著作在历史上汗牛充栋,但你可千万别小看这本书,因为在这本书里,鲍姆加通首次提出了一个重要想法,那就是古典哲学一股脑儿地只关心理性和可理解的事物,几乎完全忽略了人的另一种能力——感性,也不重视那些可感知的事物。于是,他提出了一个划时代的想法:迫切需要建立一个新的哲学分支——"感性学"。照他的设想,"感性学"就是"诗的哲学",它涉及的是"可感知的事物",而非"可理解的事物"。"一般诗的艺术可以定义为一种有关感性表象的完善表现的科学。"[①]随着鲍姆加通的这一想法日趋成熟,他于1750年出版了一部奠基性的重要著作《美学》(伊斯特惕克)。从哲学史的角度来看,相对于那些声名显赫的哲学大师来,鲍姆加通也许算不上什么重要人物。然而,对美学这门学科来说,他可算得上是"美学之父"了。因为正是他第一次为美学"正名",提出了美学的研究对象,划定了美学的边界,发现了哲学研究忽略感性和可感知的事物之缺憾,从而为这一学科奠定了坚实的根基。英国哲学家鲍桑葵描述了这一事件的历史意义:

鲍姆加通在"伊斯特惕克"(Aesthetica)的名目下这样创始

① 鲍姆加通:《美学》,文化艺术出版社1987年版,第169页。

> 了一门新学问，非常富于特色地关心美的理论，以致传到后人手中，“伊斯特惕克”一词就成为美的哲学的公认的名称。①

凡事都得名正言顺，没有自己的名称就会寄人篱下，一门知识就得不到独立自主的发展。如果说此前美学思考一直处于无家可归的状态的话，那么，鲍姆加通的命名无疑为这门学科的合法化奠定了坚实的学理根据，从此，美学便可以在自己的地盘上描绘缤纷多彩的风景了。

18 世纪的西方古典哲学，流行的是理性主义观念，那时的哲学家只关注运用逻辑分析的理性知识及其认识方式，比如科学研究或哲学思考中的理性思维和逻辑推理，而许多感性的认识就被排除在哲学的视野之外。阅读一首诗，聆听一首乐曲，观赏一片自然风景，你也许并不能获得明晰的结果，只有一个朦胧模糊的印象，但却印象深刻，甚至激起了某些情绪反应。这种体会和感受，用中国的一句老话来说，就是“只可意会，不可言传”。按照理性主义的观念，人的认识机能分为高级和低级两个部分，前者叫思维，后者是感觉；前者是明晰的、完善的，而后者则是朦胧的、不完善的。在古典哲学家看来，认识真理的唯一途径就是理性思维，而感性认识是不可能把握真理的。于是，在哲学的殿堂里，感性的认识方式是不入流的低一等认识，被打入了冷宫。鲍姆加通则另有考虑，他的想法是，感

① 鲍桑葵：《美学史》，商务印书馆 1985 年版，第 239 页。

AESTHETICA

SCRIPSIT

ALEXAND. GOTTLIEB

BAVMGARTEN

PROF. PHILOSOPHIAE.

TRAIECTI CIS VIADRVM

IMPENS. IOANNIS CHRISTIANI KLEYB

CIƆIƆCCL.

图7 鲍姆加通的《美学》

性的、朦胧的认识并非是混乱的和不完善的，它也有自身的完善，而这种完善的结果也就是美。所以他写道："美学的目的是感性认识本身的完善（完善的感性认识），而这完善就是美。"在此基础上，他为美学做了第一次明确的规定："美学作为自由艺术的理论、低级认识论、美的思维的艺术和与理性类似的思维的艺术是感性认识的科学。"①

这显然是人类历史上第一个关于美学的明确定义。它就好比聚光灯射出的一束光，照亮并聚焦于过去模糊不清的一个知识领域；它又像是一张经过测量绘制的地图，为边界不明的美学思考厘定了疆界和范围；它更像是知识圣殿里的一次宣判，宣告了一门学科和知识系统合法存在的根据。以往被理性主义者所鄙视的感性认识如今被摄入了哲学的视野，尽管过去也有一些哲学家已经注意到这些问题，但现在则可以名正言顺地在一个独立学科的名目下系统地加以探讨了。在鲍姆加通开创性的工作中，有两个要点应加以强调：第一，美学在定名之初就是放在哲学门下，属于哲学的一部分。这个定位决定了美学的学科性质和所属门类。第二，美学的定名又把艺术和美作为核心，换言之，在鲍姆加通看来，美学是研究艺术中作为感性认识完善的美。于是美学和艺术结下了不解之缘。

① 鲍姆加通：《美学》，文化艺术出版社 1987 年版，第 18 页、第 13 页。

小资料:美学

美学是哲学的一个分支,它关注的是美和趣味的理解,以及对艺术、文学和风格的鉴赏。它要回答的问题是:美或丑是内在于所考察的对象之中呢?还是在欣赏者的眼里?在其他一些事物中,美学也力图分析讨论这些问题所使用的概念和论点,考察心灵的审美状态,评价作为审美陈述的那些对象。

——《牛津英语指南》,麦克阿瑟出版公司 1992 年版

鲍姆加通的贡献看起来只是为美学命名,使之有了一个安身立命的居所。鲍姆加通之后,另一位伟大的哲学家康德——哲学上"哥白尼式的革命者",秉承了鲍姆加通的遗产,系统地规划了哲学学科以及美学在其中的位置。康德认为哲学研究有三大任务:第一是自然秩序的论证,第二是道德秩序的论证,第三是前两者协调关系的论证。这就构成了他著名的"三大批判":纯粹理性批判、实践理性批判和判断力批判。这三大批判聚焦于人的三种基本心智能力和判断原则:纯粹理性是关于人的思想及其认识原则的,实践理性则是有关人的意志及其道德原则的,而判断力却和人的情感及其情感原则关系密切。新康德主义哲学家文德尔班这样来描述康德学说:

> 在康德那里从这里便产生了系统研究理性功能的任务,以便确定理性原则并检验这些原则的有效性。……正如在心理

活动中表现形式区分为思想、意志和情感,同样理性批判必然要遵循既定的分法,分别检验认识原则、伦理原则和情感原则——情感独立于前两者,作为事物影响于理性的(媒介)。

据此,康德学说分为理论、实践和审美三部分,他的主要著作为纯粹理性、实践理性和判断力三个批判。①

图8 康德像

如果我们简化一下康德的理论,可以说哲学体系是由三个部分构成的,而美学是其三个分支之一,哲学体系大致可作如下图式:

① 文德尔班:《哲学史教程》,商务印书馆1993年版,第732—733页。

哲学
- 逻辑学——纯粹理性——思想——**真**
- 伦理学——实践理性——意志——**善**
- 美　学——判 断 力——情感——**美**

简单地说,古典哲学是由三大部分构成的,第一是逻辑学或认识论,它关心的是理性认识何以可能的问题,核心问题是求真;而伦理学则关注实践理性,它关心的问题是求善;美学则被规定在判断力的研究,它是关乎人的情感问题的,与美相关。康德所完成的古典哲学的三元结构,即认识论(或逻辑学)/知/真、伦理学/意/善和美学/情/美的三分法,一直深刻影响到现代哲学的建构。比如,在当代德国哲学家哈贝马斯那里,这种三分结构更加明确地结合着现代性问题而被凸显出来。在他看来,现代性的展开过程其实就是这三个领域不断分化的过程。科学是关于人的认知—工具理性结构的,而伦理学则是关于人的道德—实践理性结构的,与前两者不同,美学所涉及的是人类特殊的审美—表现理性,它们分别归结于真理、正义和美这样的范畴之下。①

小资料:哲学

哲学的希腊文意思就是"爱智",就是在探索实在的真理和本性,尤其是事物的原因和性质,以及决定存在、感知、人类行为和物

① 参见哈贝马斯:《现代性对后现代性》,周宪主编:《文化现代性读本》,南京大学出版社2012年版,第182页。

质世界的那些原理。哲学活动的目的也可以是对概念、方法和其他学科的信念的理解与清理,或是推理本身、概念、方法,以及诸如真理、可能性、知识(认识论)、必要性、存在(本体论和形而上学)以及证明等这类一般概念的信念。

——《牛津平装百科全书》,牛津大学出版社 1998 年版

聊到这里,我们大致可以描画一下哲学的全景了,那就是美学作为一门学科创建于 18 世纪中叶,它的学科定位是哲学的一个分支,与逻辑学(或认识论)和伦理学三足鼎立。这个定位明确了美学的哲学性质,如果我们去图书馆查阅美学书籍,那么,在哲学类的图书代码里总有一个美学的子目录。

美学是**哲学**的一个分支,但如果我们从更加广阔的视野来审视,在人类整个知识系统中,美学及其所属的哲学又如何定位呢?这是一个更大的问题,需要在更广阔的视野中来审视。

人类的知识是一个复杂的系统,粗略说来,我们大约可以把这个庞大的、包罗万象的知识系统,概括为由几大类学科所构成。首先是自然科学(理科),它包括一些基础科学,如物理学、化学、数学和生命科学;其次是技术科学(工科),如计算机科学、机械工程、化学工程、材料学等;再次社会科学(文科之一),诸如经济学、法学、政治学、社会学等;最后一类是**人文学科**(文科之二),诸如文学、语

言、史学、哲学和艺术等。自然科学和技术科学是通过科学的观察和分类的方法来探索自然和生命现象,它是探究存在的物质层面的系统知识;社会科学则是研究人类行为的科学,它关心的是人类的社会结构、过程和组织,带有明显的经验性和应用性。较之于自然科学和社会科学,人文学科则属于另一种类型,它的历史最悠久,是最古老的学科。从词源学上说,在西文中,人文学科(humanities)这个词是和“人性”“人文”或“人道”等概念密切关联。有西方学者指出,人文学科这个概念在古代是指一切把人性和兽性区别开来的东西,亦即通常所说的“文明价值”或“文化”。在现在通常的用法中,人文学科有两种基本含义:第一,它是指文学、语言、哲学、艺术及其研究,它明显区别于自然科学、技术科学和社会科学;第二,它是指古典语言和古典文学。[①] 更常见的解释是,人文学科是一个区别于社会科学和自然科学的概念,特指文学、语言、哲学、历史、造型艺术、神学和音乐。[②]

小资料:人文学科

在中世纪的教育中,人文学科(拉丁语是“与人的研究有关”)是指古典知识、哲学和当代文学。在这个语境中,“人文的”是指“与人的研究有关”。所以要研究古典知识,那是因为人们认为古

---

① *Webster's College Dictionary*, New York: Random House, 1996, p. 654.

② *The Fontana Dictionary of Modern Thought*, London: Fontana, 1982, p. 292.

典知识可以阐明绝大多数最佳的世俗知识;所以要研究哲学,那是因为哲学揭示了人是如何进行思考的,揭示他们思考会有什么最高尚的成果;所以要研究当代文学,是因为它揭橥了那个时代的"最佳"智慧在思索什么。这些研究被认为是为人们进入生活做好准备,或者假如说他不得不进入某个职业,这些研究有助于他的心智适应军队、外交或政府工作(这些工作并不需要进一步的研究),或是适应某些需要继续深造的特殊工作,诸如法律或教会等。从中世纪后期奠基到20世纪中叶,人文学科在欧洲的多数大学里被广泛地视为某种研究性的课程。

——《布鲁斯伯里人类思想指南》,布鲁斯伯里出版公司1993年版

如果说哲学属于人文学科,那么很显然,美学属于哲学,所以美学当然也就属于人文学科。换一种否定性的陈述,美学不属于自然科学或技术科学,也不属于社会科学,所以,美学只能定位于人文学科。更具体地说,美学是人文学科中的哲学的一个分支学科。这样,我们便可以用一个简单的图式来说明美学在人类知识系统中的位置。

- 人类知识系统
  - 人文学科
    - 文学艺术
    - 哲学——认识论,伦理学,美学
    - 历史
  - 社会科学 经济学,政治学,社会学等
  - 自然科学 物理学,化学,数学
  - 技术科学 计算机科学,土木工程,材料学

至此,我们可以推出另一个结论,美学的人文学科特性决定了这门学科的特点。了解到人文学科的特点,有助于我们进一步理解美学的特性。

以上我们简单追溯了美学的学科史,但有一点需要说明,那就是美学的学科史并不等于美学思想史。虽然美学作为哲学的一个分支学科是在 18 世纪中叶确立的,这并不等于说美学思考只是到了 18 世纪才存在。作为一门学科,美学的历史只有两百多年,但美学思考和研究却是古已有之。无论是中国的春秋战国时代,还是西方的古希腊时期,美学思想和理论都相当活跃和丰硕。即使是今天,这些古代美学思想也仍是重要的美学文献和宝贵资源。哲学家怀特海曾夸张地说,西方哲学两千五百多年的历史不过是柏拉图哲学的一个脚注。此一说法揭示了古代思想资源的重要性。

由此来看,我们说美学思想源远流长,但美学学科的建立却是一个"近代事件"。基于这一区分,美学的历史实际上有两层含义,广义的美学史是指美学思想史,它源远流长;狭义的美学史是指美

学学科史，它历史短暂。恰如天文学的建立是一个现代事件，而天文学的观测和探问早就存在一样。区分美学思想史和美学学科史的不同，对于我们认识美学的过去大有裨益，它赋予我们一种细致而深刻的历史意识。

翻开人类文明的史册，美学的思考对人类社会和人自身的塑造具有不可或缺的重要性。在原始时代，美学的思考寄生在原始宗教的玄思之中；在古典时代，各种文明渐臻成熟，美学扮演了塑造民族文化精神的重要功能；在现代化的进程中，技术的高度发达导致了工具理性在日常生活中的盛行，美学则担当了反思现代性和重建人的感性的重要作用。从某种意义上说，美学不但是一门学科，一种知识，也是一种关于社会、文化、历史和人生的哲学思考，所以我们有理由认为，美学是关乎人之生存的智慧。

关键词：

美学　哲学　人文学科　真、善、美　知、意、情

延伸阅读书目：

1. 朱光潜：《谈美书简》，上海文艺出版社 1980 年版。
2. 叶朗：《绪论：什么是美学？》，见叶朗：《美学原理》，北京大学出版社 2009 年版。

“初发芙蓉”与“错彩镂金”

中国艺术意境的创成，既须得屈原的缠绵悱恻，又须得庄子的超旷空灵。缠绵悱恻，才能一往情深，深入万物的核心，所谓“得其环中”。超旷空灵，才能如镜中花，水中月，羚羊挂角，无迹可寻，所谓“超以象外”。色即是空，空即是色，色不异空，空不异色，这不但是盛唐人的诗境，也是宋元人的画境。

——宗白华:《美学散步》

此刻，我们打开另一扇窗户，瞥见一片独特的美学景观——中国古典美学。

那景观博大精深，变化繁复。往近处看，**中国古典美学**的独特风韵凸现眼前，各种艺术魅力无限；往远处看，漫长的历史辉煌久远，不同时代的景观一幕幕闪现。李泽厚深情地写道：那人面含鱼的彩陶盆，那古色斑斓的青铜器，那琳琅满目的汉代工艺品，那秀骨清像的北朝雕塑，那笔走龙蛇的晋唐书法，那道不尽说不完的宋元山水画，还有那些著名诗人作家们屈原、陶潜、李白、杜甫、曹雪芹……的想象画像，他们展示的不正是可以使你直接感触到的这个文明古国的心灵历史么？时代精神的火花在这里凝冻、积淀下来，传留和感染着人们的思想、情感、感念、意绪，经常使人一唱三叹，流连不已。[①]

---

① 李泽厚：《美的历程》，文物出版社 1981 年版，第 1 页。

其实,我们对自己的传统并不陌生,但问题在于,对自己所熟悉的东西却并不一定有所思考。恰如哲人所言,最熟悉的东西往往是最缺乏思考的。所谓见惯不惊嘛！或许,我们应以一种陌生的眼光来审视自己的历史。

现在,就启动你的想象力和理解力,去触摸中国古典美学的脉搏吧!

从两个"转向"说起

中国美学史的理论资源极其丰富,激发你好奇心的问题委实不少。只要你留意,定会发现,中国古典美学思想史中,奇妙玄奥的问题俯拾即是。

比如,为什么东晋大画家顾恺之画人像却数年不点目精,他的理由是"传神写照正在阿堵(眼睛)中"？为什么唐代书法大家张旭见公孙大娘舞剑后,悟得笔法,书艺大进？为什么庖丁解牛,"以神遇而不以目视,官知止而神欲行","合于桑林之舞,乃中经首之会"？为什么老子故作玄虚地说"大音希声""大象无形"？这样的谜可以罗列无数。

这里,我想从两个颇费思量的"转向"说起,由此便可真切地触摸到中国古典美学的真精神。

《韩非子》中记载了一个有趣的故事:"客有为齐王画者。齐王问曰:画孰最难者?曰:犬马最难。孰最易者?曰:鬼魅最易。夫犬马,人所知也。旦暮罄于前,不可类之,故难。鬼魅无形者,不罄于前,故易之也。”这就是说,我们司空见惯的东西其实反而不好画,因为太熟悉的缘故,画得好不好很容易判别。反之,从未见过的鬼魅则容易画,因为不必逼真摹写。照理说,难画的东西自然显出画家功力水平,理应被当作画家追求的目标。但有趣的是,中国美学不这么看。徐复观注意到,魏晋以前常有人引用这一典故,而魏晋以后不再。这是为什么?他的解释是魏晋以来,中国绘画观念骤变,写实和形似不再被尊崇,庄子美学思想所开启的“传神”观念,成为中国绘画安身立命的根基。[①] 所以,中国绘画和西方绘画大相径庭。惟其如此,清代画家邹一桂在目睹了西方写实绘画后发出如下感叹:“西洋人善勾股法,故其绘画于阴阳、远近不差锱黍,所画人物、屋树皆有日影,其所用颜色与笔与中华绝异,布影由阔而狭,以三角量之,画宫室于墙壁,令人几欲走进。学者能参用壹壹,亦具醒法,但笔法全无,虽工亦匠,故不入画品。”[②]看来,中国画家并不追求逼真写实的描绘,而更加强调笔法中透露出画家的个性气质。所以苏东坡诗云:“论画以形似,见与儿童邻。”这种观念不仅反映在造型艺术中,甚至深蕴在中国的一切艺术形态中,成为中国古典美学的一个重要特征。

---

① 徐复观:《中国艺术精神》,春风文艺出版社 1987 年版,第 165 页。
② 沈子丞编:《历代论画民主汇编》,文物出版社 1982 年版,第 466 页。

倘使说上述历史昭示了中国艺术所走的独特道路的话,那么,另一个相关的问题接踵而至,它是由宗白华提出的。他发现中国美学史上有两种不同的美,一曰"初发芙蓉"的美,一曰"错彩镂金"的美。如果说魏晋以前两者势均力敌的话,魏晋以后出现了深刻的"转向":"从这个时候起,中国人的美感走到了一个新的方面,表现出一种新的美的境界,那就是认为'初发芙蓉'比之'错彩镂金'是一种更高的美的境界。"①从两种美并驾齐驱,到将其中一种美视为更高境界,这个转变也是非常深刻的。回顾中国艺术的独特面貌,追溯中国美学的特异观念,甚至考察我们民族性格的许多特征,都不得不联系这一"转向"。

两个"转向"也许本无关联,不过引起我们关注的是它们都发生在魏晋时期。一个是崇尚神似韵味而轻视形似写真,一个是从崇尚"初发芙蓉"而不再留恋"错彩镂金",两者均以魏晋为分野。难怪美学史上通常说魏晋是中国艺术自觉的时代。也许我们可以认为,重写意而轻写实,重"初发芙蓉"而轻"错彩镂金",两者合流深刻地塑造了中国艺术的独特形态,进而缔造和完善了中国美学的基本观念。

要搞清这些转变,还必须深入到中国文化的源头上去寻找根据。

---

① 宗白华:《美学散步》,上海人民出版社 1981 年版,第 29 页。

南北文化与儒道互补

越来越多的考古发现和人类学研究表明,中华文明的源头是复杂的。有一种看法认为,中华文明的源头大致有三个主要分支,分属于不同的地域和集团。第一是炎黄集团,以炎帝和黄帝为代表。它起源于陕甘黄土高原,后来顺黄河东进,分布在华北一带,成为后来华夏族的祖先。第二支是风偃集团,是太皞(风姓)、少皞的后裔,散布在淮、泗、河、洛等东方平原,蚩尤出焉,后成为东夷诸族的祖先。第三支是苗蛮集团,属南方民族,居住在洞庭湖、鄱阳湖之间。如果我们把这一理论与中国文化的地域划分和特征结合起来考虑,也许对解析中国古典美学观念的历史成因有所助益。

我们经常听到说中国文化的南北差异问题。不仅风俗习惯不同,甚至审美观念亦有差异。林语堂曾风趣地谈论过南方人与北方人的差别。北方人身材高大,性格热情幽默,他们是自然之子;南方人勤于修养,头脑发达,身体退化,喜爱诗歌。粗犷豪放的北方,温柔和婉的南方,各自的特点在语言、音乐和诗歌中可以看到,比如陕西的秦腔和苏州的评弹,可谓天壤之别。[①] 中国绘画史上有所谓“南北宗”。南宗画派以“天真自然”为主,即追求所谓“淡”的风格,

① 林语堂:《中国人》,学林出版社1994年版,第31—36页。

王维乃南宗代表;北宗画派以"著色自然"为目标,崇尚"精",李思训为其典范。不但绘画有南北不同,文学亦复如此。刘师培的"南北文学不同论"颇有影响。他认为,南北地域自然环境迥异,人文氛围不同,语音亦有所不同,进而导致了南北文学的差异:

> 声音既殊,故南方之文亦与北方迥别。大抵北方之地,土厚水深,民生其间,多尚实际;南方之地水势浩洋,民生其间,多尚虚无。民尚实际,故所著之文不外记事、析理二端;民尚虚无,故所作之文或为言志、抒情之体。……春秋以降,诸子并兴。然荀卿、吕不韦之书最为平实,刚志決理,輐断以为纪,其原出于古礼经(孔孟之言亦最平易近人),则秦、赵之文也。……惟荆、楚之地僻处南方,故老子之书,其说杳冥而深远。(老子为楚国苦县人)及庄、列之徒承之,(庄为宋人,列为郑人,皆地近荆、楚者也)其旨远,其义隐,其为文也,纵而后反,寓实于虚,肆以荒唐谲怪之词,渊乎其有思,茫乎其不可测矣。①

值得注意的是,在这段话里,隐含了一个重要的区分,即将**儒家**思想视为北方文化的产物,而将**道家**精神看作是南方文化的结晶,当然这只是在粗略的比较意义上说的。

---

① 刘师培:《刘师培中古文学论集》,中国社会科学出版社 1997 年版,第 261—262 页。

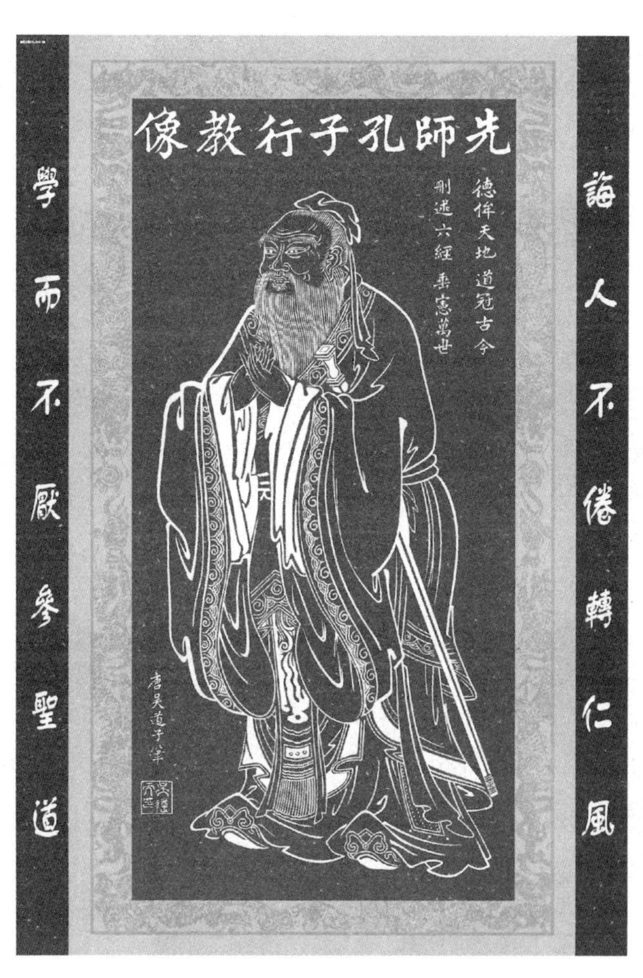

图 9　孔子像

图 10　老子像

如果我们对中国古典美学作进一步的探究,就不可避免地涉及儒道精神与美学的关系问题。显然,较之于其他学说,儒家和道家思想在中国文化中占有十分显著的地位,以至于有些学者坚信,中国文化和中国人的民族性格就是**儒道互补**所塑造的。林语堂发现,儒家和道家在许多方面恰好是对立互补的。儒家思想是积极入世的,而道家思想则是消极避世的。“这两种奇怪的东西放在一起提炼,则产生出我们称为中国人性格的这种不朽的东西。……所有中国人在成功时都是儒家,失败时则是道家。我们中的儒家建设、奋斗;道家旁观、微笑。一个中国人在位时说道论德,闲居时赋诗作词,并往往是颇为代表道家思想的诗词。”①这一描述是符合中国文化的历史的,但更进一步的问题是,儒道互补的关系对中国古典美学有何影响呢?李泽厚的说法值得注意:

> 与美学——艺术领域关系更大和影响深远的,除儒学外,要推庄子为代表的道家。道家作为儒家的补充和对立面,相反相成地在塑造中国人的世界观、人生观、文化心理结构和艺术理想、审美兴趣上,与儒家一道,起了决定性的作用。
>
> 表面上看,儒家和道家是离异而对立的,一个入世,一个出世;一个乐观进取,一个消极退避;但实际上它们刚好互相补充而协调。不但“兼济天下”与“独善其身”经常是后世士大夫的

---

① 林语堂:《中国人》,学林出版社1994年版,第67页。

> 互补人生路途,而且悲歌慷慨与愤世嫉俗,“身在江湖”而“心存魏阙”,也成为中国历代知识分子的常规心理以及艺术理念。[1]

换言之,儒家和道家思想在塑造中国文化的面貌和精神特质方面,具有无可比拟的重要性。“就思想、文艺领域说,这主要表现为以孔子为代表的儒家学说;以庄子为代表的道家,则作了它的对立和补充。儒道互补是两千年来中国美学思想的一条基本线索。”[2]

在中国古典美学中,大致可以说,儒家美学崇尚“和”,而道家美学追求“妙”,两者构成了中国古典美学复杂互动的协奏曲。

你只要细读一下孔子的《论语》,便不难发现一个有趣的现象,在孔子有关美学的表述中,大都强调一些对立的范畴之间的和谐关系。比如:“子谓《韶》:‘尽美矣,又尽善也。’”“质胜文则野,文胜质则史。文质彬彬,然后君子。”“《关雎》乐而不淫,哀而不伤。”从这些经典的表述来看,儒家思想的核心显然是强调一种对立面统一融通的“和”。所以,“和”不但是艺术本身的美学要求,更重要的是艺术表现的情感要受到“礼”的节制。[3] 因此,儒家美学特别强调艺术在传统社会中的重要机能不只是情感愉悦,更重要的是形成社会秩

---

① 李泽厚:《美的历程》,文物出版社1981年版,第53页。
② 同上书,第49页。
③ 叶朗:《中国美学史大纲》,上海人民出版社1985年版,第49页。

序和人伦的和谐。以下一段话颇能说明这种观念:

> 子曰:乐在宗庙之中,上下同听之,则莫不和敬。族长乡里之中,长幼同听之,则莫不和顺。在闺门之内,父子兄弟同听之,则莫不和亲。故乐者所以崇和顺,比物饰节。节文奏合以成文,所以和合父子君臣,附亲万民也。是先王立乐之意也。[①]

这种将艺术和日常生活伦理密切结合的观念,反映了儒家思想的核心,恰如李泽厚所言,孔子不是把人的情感、观念和仪式引向外在崇拜对象或神秘境界,而是引入并消融在以亲子血缘为基础的人的世间关系和现实生活之中,将感情的抒发和满足在日常心理—伦理的社会人生中。这也正是中国艺术和审美的重要特征,基于这一特征,中国美学的基本范畴大都强调其二元统一的功能性协调关系,诸如“阴阳”“有无”“形神”“虚实”“刚柔”等等。李泽厚说得好:“中国古典美学的范畴、规律和原则大都是功能性的。它们作为矛盾结构,强调得更多的是对立面之间的渗透与协调,而不是对立面的排斥与冲突。作为反映,强调得更多的是内在生命意兴的表达,而不在模拟的忠实、再现的可信。作为效果,强调得更多的是情理结合、情感中潜藏着智慧得到现实人生的和谐和满足,而不是非理性的迷狂或超世间的信念。作为形象,强调得更多的是情感性的

---

① 《白虎通德论》,转引自徐复观:《中国艺术精神》,春风文艺出版社1987年版,第14页。

图 11　顾闳中《韩熙载夜宴图》

优美（‘阴柔’）和壮美（‘阳刚’），而不是宿命的恐惧或悲剧性的崇高。所有这些中国古典美学的‘中和’原则和艺术特征，都无不可以追溯到先秦理性精神。”①

如果说儒家美学的基本精神更加偏重于人伦的实践理性的话，那么，在比较的意义上说，道家美学似乎更加强调审美自身的表现理性。换一种形象的说法，即儒家美学是“艺术的人生化”，而道家美学则是“人生的艺术化”。徐复观认为，道家思想所成就的人生乃是艺术的人生，而中国纯艺术精神即由此引发出来。② 李泽厚则强调，道家美学的许多表述比儒家美学更加准确地抓住了艺术、审美和创作的基本特征。如果说儒家美学关注的是外在的实用功利，道家美学则把握了超功利的审美关系。③ 这些说法都道出了中国古典美学最内在的精神特质。

比如，中国艺术别具一格的“平淡”风格，就和道家思想有渊源关系。老子有“五色令人目盲，五音令人耳聋”的说法，他提出“味”的概念，所谓“道之出口，淡乎其无味”。再比如，中国艺术有强烈的写意倾向。在中国古典美学中，形—神关系，虚—实关系，以及“传神写照”“得意忘象”“气韵生动”“空灵”“意境”等命题，都与此密切相关。据说北宋画院在选拔人才时，多用唐人诗句为试题，比如，“踏花归去马蹄香”。这意境如何画？有一位应试者画了几只

① 李泽厚：《美的历程》，文物出版社1981年版，第52—53页。
② 徐复观：《中国艺术精神》，春风文艺出版社1987年版，第41页。
③ 李泽厚：《美的历程》，文物出版社1981年版，第54页。

图 12 齐白石《虾》

蝴蝶追随马后，由此来暗示“马蹄香”，并没有在画面上直接表现踏花的场景；再比如试题“野水无人渡，孤舟尽日横”，一位应试者画一船夫躺在船上悠闲地吹着笛子，一方面表现了此刻无人渡河，另一方面又使得画面静中有动，充满诗意。① 这两个例子典型地彰显出中国古典艺术的一个重要特征，那就是追求某种“韵外之致”。即不是强调简单的形似，而是追求形似背后更为重要的神似；不是满足于实的意象，更重视虚的意蕴；不是局限于当前的有限，而是从有限到无限，从有到无进入“道”。宗白华曾经准确地把中国艺术的意境概括为三个范畴——“道”“舞”“空白”，这是很有道理的。如果我们从道家美学的角度来理解，这三个范畴可以视作道家精神合乎逻辑地在美学观念上的延伸。它最集中地体现为老子所说的核心概念“妙”：“道可道，非常道；名可名，非常名。无，名天地之始；有，名万物之母。故常无，欲以观其妙；常有，欲以观其徼。此两者，同出而异名，同谓之玄。玄之又玄，众妙之门。”我们只要对中国古典艺术趣味和判断用语稍作翻检，“妙”这个范畴使用范围广，使用频率相当高，因为这个范畴准确地传达出中国古典美学的独特精神气质。朱自清认为，魏晋以来，老庄之学大盛，士大夫对生活和艺术的欣赏有了长足的发展，清谈家要求的正是“妙”。后来又加上佛家哲学，更强调虚无风气，于是众妙层出不穷。我们需要特别注

---

① 参见张安治：《中国绘画的审美特点》，《中国古代美学艺术论文集》，上海古籍出版社 1981 年版，第 25 页。

意的一点是,中国古典美学的“妙”,全然不同于西方古典美学的“美”,这正是中国艺术有别于西方艺术的关键所在。

小资料:中国古典美学

中华民族是最重视伦理道德的作用的民族之一。这一点,深刻地影响了中国美学。应从这个根本点上,结合中国哲学和中国艺术去观察中国美学的基本特征。这些特征主要有下述几点。

第一,高度强调美与善的统一;第二,强调情与理的统一;第三,强调认知和直觉的统一;第四,强调自然和人的统一;第五,富于古代人道主义;第六,以审美境界为人生的最高境界。

——摘自李泽厚、刘刚纪主编:《中国美学史》,
中国社会科学出版社1984年版

“初发芙蓉”与“错彩镂金”

在大略概览了中国古典美学儒道互补的景象之后,我们便可深入到这风景内部,去探寻一些重要的气象了。毫无疑问,中国古典美学博大精深,内涵极其丰富。宗白华发现,在中国古典美学中,虽然气象万千纷然杂陈,但有两种美(我们亦可称之为“妙”)异常突出,那就是“**初发芙蓉**”之美和“**错彩镂金**”之美,两者共同构成了中

国古典美学的独特面貌。以下是他的一段精彩描述:

> 鲍照比较谢灵运的诗和颜延之的诗,谓谢诗如“初发芙蓉,自然可爱”,颜诗则是“铺锦列绣,亦雕缋满眼”。《诗品》:“汤惠休曰:‘谢诗如芙蓉出水,颜诗如错彩镂金’。颜终病之。”这可以说是代表了中国美学史上两种不同的美感或美的理想。
>
> 这两种美感或美的理想,表现在诗歌、绘画、工艺美术等各个方面。
>
> 楚国的图案、楚辞、汉赋、六朝骈文、颜延之诗、明清的瓷器,一直存到今天的刺绣和京剧的舞台服装,这是一种美,“错彩镂金、雕缋满眼”的美。汉代的铜器、陶器,王羲之的书法、顾恺之的画,陶潜的诗、宋代的白瓷,这又是一种美,“初发芙蓉,自然可爱”的美。①

鲍照所提出的两种诗歌风格,反映了中国古典美学的一种精神自觉。据史书记载,颜谢诗风的不同确有其缘由。相传颜延之赋诗作文喜欢典故,追求字词雕饰。因此颜诗多有斧凿刻意之感。相比之下,谢诗更倾向于自然天成,兴会标举,读来自然可爱。他的诗歌佳句常被后人引用,诸如:

---

① 宗白华:《美学散步》,上海人民出版社 1981 年版,第 28—29 页。

图 13　京剧服装

图14 宋代白瓷

野旷沙岸净，天高秋月明。——《初去郡》

春晚绿野秀，岩高白云屯。——《入彭蠡湖口》

明月照积雪，朔风劲且哀。——《岁暮》

池塘生春草，园柳变鸣禽。——《登池上楼》

清晖能娱人，游子憺忘归。——《石壁精舍还湖中作》

其中“池塘生春草，园柳变鸣禽”两句，历来被视为境界极高的谢诗经典佳句。相传谢灵运一日在永嘉西堂思诗，苦思冥想而未有灵感，于是倦意袭来，朦胧中忽见惠连，辄得佳语，遂有“池塘生春草”。因此他说：“此语有神助，非我语也！”从这一传说中，我们约略见出“初发芙蓉”的意趣。这里一个重要的因素是“自然”，所以鲍照说谢诗“自然可爱”。相比之下，颜诗则工于人为，偏好用典，用辞雕琢，失去了自然天成的机趣。萧纲在《梁书》中，赞誉说“谢客吐言天拔，出于自然”，亦在情理之中。

鲍照所概括的这两种诗歌风格，虽然是针对颜、谢诗歌提出的，却也把握了中国美学的两种文化大风格的内在逻辑。如宗白华所言，这两种美感或美的理想，表现在诗歌、绘画、音乐、建筑、戏曲和工艺美术等各个方面，从而构成了中国古代美学的二元结构。举书法为例，简单地比较一下颜真卿正楷的工整划一，与王羲之行书的洒脱自由，似可瞥见“错彩镂金”与“初发芙蓉”的踪迹。再比如欧

图 15 欧阳询《九成宫》

阳询的《九成宫》和米芾的《蜀素贴》,也形成明显对比。前者似趋向于"错彩镂金",后者则带有"初发芙蓉"意味。米芾书学"二王"(王羲之和王献之),认为欧阳询"寒俭无精神",柳公权"费尽筋骨","自柳世始有俗书"。不妨视作基于"初发芙蓉"之美而对"错彩镂金"之美所做的某种判断。

《九成宫》结构规整,法度明晰,字字规范。欧阳询在其《传授诀》中对书法要秘作了概括:"每秉笔必在圆正,气力纵横重轻,凝神静虑。当审字势,四面停均,八边具备;短长合度,粗细折中;心眼准程,疏密攲正。最不可忙,忙则失势;次不可缓,缓则骨痴;又不可瘦,瘦当形枯;复不可肥,肥即质浊。"[①]这诸多规范和要求,实际上是强调书法中需人为地加以控制,以达到楷书精致的法度。假使说"错彩镂金"的美凸显了艺术中人为(伪)的一面的话,那么,欧阳询上述"秘诀"也许是一个例证。反观米芾行书,追求平淡自然,讲求洒脱而不拘束。所以他的座右铭是"无刻意做作乃佳",要求自己"心既贮之,随意落笔,皆得自然,备其古雅"。观其代表作《蜀素贴》,技法精纯娴熟,字形富于变化,随意中现出自然率真品性,多有奇险磅礴之气。同是宋四家之一的苏轼评论米芾的书法时,概括为"风樯阵马,沉着痛快"八个字,颇为精当。米芾在其《海岳名言》中曾记载了一件趣事也很能说明问题:

① 杨素芳、后东生编:《中国书法理论经典》,河北人民出版社1998年版,第72页。

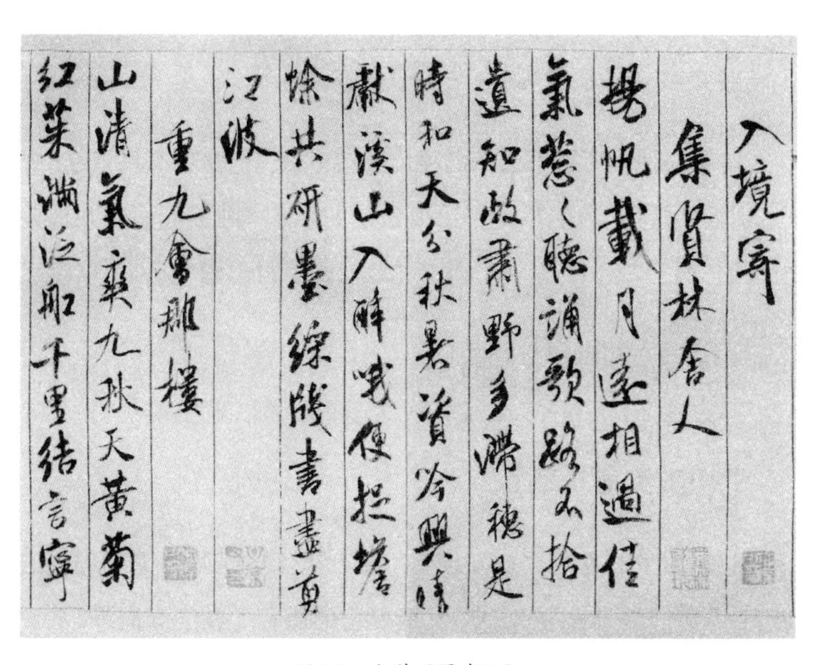
入境寄
集賢林舍人
揚帆載月遠相過佳
氣葱葱聽誦歌路不拾
遺知政肅野多滯穗是
時和天分秋暑資吟興晴
獻溪山入醉哦便捉蟾
蜍共研墨綵牋書盡剪
江波
重九會郡樓
山清氣爽九秋天黄菊
紅茱滿泛船千里結言寧

图 16 米芾《蜀素贴》

海岳(米芾)以书学博士招对,上问本朝以书名世者凡数人,海岳各以其人对,曰:“蔡京不得笔,蔡卞得笔而乏逸韵,蔡襄勒字,沈辽排字,黄庭坚描字,苏轼画字。”上复曰:“卿书何对?”对曰:“臣书刷字。”①

米芾对他同时代书法家的评价虽然苛刻,却也现出他的美学观念,别人要么是“勒字”“排字”,要么是“描字”“画字”,而唯独他是所谓的“刷字”。一“刷”字,活脱脱地勾画了他追求“天真”“自然”的美学格调。

“初发芙蓉”为上

按宗白华的看法,“初发芙蓉”和“错彩镂金”两种美感或美的理想,在中国美学史上有一个发展变化的历程。在先秦时期,从三代铜器那种严肃整齐、雕工细密的图形花纹中,我们可以得知,那时“错彩镂金”的美很是流行。这种美学风格的极端代表作也许是阿房宫和秦陵。前者是“咸阳之旁二百里内,宫观二百七十,复道甬道相连,帷帐钟鼓美人充之,各案署不移徙”。后者是“穿治郦山,及

---

① 杨素芳、后东生编:《中国书法理论经典》,河北人民出版社1998年版,第258页。

并天下，天下徙送诣七十余万人，穿三泉，下铜而致椁，宫观，百官，奇器珍怪，从臧清之”。“合采金石，冶铜锢其内，漆涂其外。被以珠玉，饰以翡翠。”[①]这种追求“错彩镂金”之美的风气，一方面与当时生产力的提高有极大关系，另一方面又与新兴奴隶主阶级的审美趣味有关。当时兴起了一股美轮美奂的建筑热潮，不只是为避风雨，而且追求使人赞叹的华美，日益成为奴隶主贵族的一种重要需要和兴趣所在。[②]

一个时代有一个时代的主导审美观念，但在主导审美观念之下，总有不同的其他观点。在先秦时代，反对“错彩镂金”美学观念的思想家大有人在。墨子提倡“非乐”思想，反对劳民伤财的种种艺术和装饰，他认为，衣食住行不应追求过分的华丽奢侈，屋宇的功能在于安住，而非观赏，衣服的作用在于蔽体御寒，而不是视觉快感。奴隶主贵族们宫室台榭雕梁画栋，服饰锦绣文采，舟车刻镂精美，都违反了“以民乐而利之”的原则，因而不足取。更有影响的反对之声来自道家。老子从他的“无为”学说出发，提出了“五色令人目盲，五音令人耳聋”的看法，主张“见素抱朴，少私寡欲”的小国寡民理想。庄子继承了老子的传统，强调人生的“无己”“无功”和“无名”，因此他提出了“心斋”“坐忘”的理念，所谓“堕肢体，黜聪明，离形去智，同于大通，此谓坐忘”。意思是说，人应该从各种欲念和要

① 参见梁思成：《中国建筑史》，百花文艺出版社 1998 年版，第 40 页。
② 参见李泽厚：《美的历程》，文物出版社 1981 年版，第 61—62 页。

求中摆脱出来，排除各种功利的考虑，达到“无己”的境界。从中我们大致可以窥见，道家美学对“错彩镂金”的美是持拒绝立场的，而他们主张的“自然”“无为”“淡乎其无味”的状态，倒是为另一种美——“初发芙蓉”的美——奠定了重要的哲学根基。

值得注意的是，宗白华发现，一方面，这两种美感或美学的理想在中国历史上一直贯穿下来，从古至今；另一方面，他又特别指出，魏晋六朝是一个重要的转变时期，这时中国人的美感走上了一个新的方向，表现出一种新的美的理想。亦即逐渐形成了认为“初发芙蓉”之美高于“错彩镂金”之美的共识。其实，如果我们回到前引鲍照对谢诗和颜诗的评价，便可发现这种比较并非中立，而是有倾向性的。“初发芙蓉”是“自然可爱”，而“铺锦列绣”则“雕缋满眼”，孰高孰下溢于言表。以至于后人凡论及谢诗“池塘生春草，园柳变鸣禽”，大都作为一种诗歌理想境界的典范而大加赞赏。为什么到了魏晋时期中国美学出现了这样深刻的转变？这是一个耐人寻味的问题。一般认为，这一时期兴起了玄学，老庄哲学和佛教的流行改变了文化的面貌，“越名教而任自然”成为普遍追求。看看当时人们追崇什么样的人物性格，便可窥见一斑。《世说新语》中记载了许多关于人物品藻的文字，足见当时为人们赞誉的人物已与春秋时期孔子心目中的“君子”形象大相径庭，[illegible]们关心的不再是人格的完善，而是人物的风采神韵。

世目李元礼，谡谡如劲松下风。

时人目王右军,飘如游云,矫若惊龙。

有人叹王公形茂者,云:“濯濯如春月柳。”

时人目夏侯太初,朗朗如日月之入怀。

嵇康身长七尺八寸,风姿特秀。见者叹曰:“萧萧肃肃,爽朗清举。”或云:“肃肃如松下风,高而徐引。”①

以上人物品藻可以看出,魏晋时期的美学风尚,是崇尚自然,走向自然、回归自然成为普遍追求,因此美学风格出现了巨大的变迁。宗白华认为,魏晋时期虽然是中国政治上最混乱的时期,但却是精神史上极自由、极解放、最富于智慧、最浓于热情的时代,因而是一个最富于艺术精神的时代。王羲之父子的字,顾恺之和陆探微的画,戴逵和戴颙的雕塑,嵇康的广陵散(琴曲),曹植、阮籍、陶潜、谢灵运、鲍照、谢朓的诗,郦道元、杨衒之的写景文,云岗、龙门壮伟的造像,洛阳和南朝闳丽的寺院,无不是光芒万丈,前无古人,奠定了后代文学艺术的根基和趋向。②

魏晋时期所开创的这种追寻“初发芙蓉”之美的风气,深刻地塑造了中国文化、美学和艺术的面貌。到了唐代,这种“初发芙蓉”之美已成为中国美学和艺术的主导倾向。锺嵘在其诗评中将谢诗列为上品,而将颜诗列为中品,就是一个明证。宗白华写道:

---

① 转引自叶朗:《中国美学史大纲》,上海人民出版社 1985 年版,第 186 页。
② 宗白华:《美学散步》,上海人民出版社 1981 年版,第 177 页。

图 17 《竹林七贤图》

> 唐初四杰，还继承了六朝之华丽，但已有了一些新鲜空气。经陈子昂到李太白，就进入了一个精神上更高的境界。李太白诗：“清水出芙蓉，天然去雕饰”，“自从建安来，绮丽不足珍。圣代复元古，垂衣贵清真”。“清真”也就是清水芙蓉的境界。杜甫也有“直取性情真”的诗句。司空图《诗品》虽也主张雄浑的美，但仍然倾向于“清水出芙蓉”的美：“生气远出”，“妙造自然。”宋代苏东坡用奔流的泉水来比喻诗文。他要求诗文的境界要“绚烂之极归于平淡”，即不是停留在工艺美术的境界，而要上升到表现思想情感的境界。①

虽然“初发芙蓉”之美成为中国美学精神的主流，但是有两点应加以注意。其一，这种美学观念严格地说主要体现在文人化的艺术之中，亦即在诸如诗歌、绘画、书法等相当文人化的艺术门类中，“初发芙蓉”之美成为普遍的追求，它塑造了中国艺术和美学的基本面貌。其二，在官方正统文化和民间文化中，相当程度上仍保存了“错彩镂金”之美的传统。比如，在皇家建筑、服饰、器具和礼仪中，那种强调华美、规范、装饰和外在人为功夫的传统依然延续着。而在民间文化中，则以另一种形态留存着“错彩镂金”之美，比如艳丽的民间年画和服饰，民间性的戏曲、节庆，以及相当多的民间工艺

---

① 宗白华：《美学散步》，上海人民出版社 1981 年版，第 31 页。

品。不过,这种民间性的“错彩镂金”与官方贵族文化的“错彩镂金”又有一些形态上的差别,它不那么讲求规整、权威和外在仪式性,而是带有民间文化自身质朴、淳厚的风格。

自然平淡的美学

我们知道,中国艺术有许多别具一格的风貌,在世界各民族的艺术长廊中其独特性常使人们叹为观止。正是中国艺术的这些独特品格,为中国古典美学体系和逻辑提供了坚实的基础。在比较美学上,有一种流行的观点认为,中国艺术重表现,西方艺术重再现。这种说法虽有简单化之嫌,却也道出了中国艺术的某些特点。

如果我们把“错彩镂金”与“初发芙蓉”这两种美感,与西方美学和艺术相比较,也许可以得出一个有趣的结果:两相比较,“错彩镂金”之美也许在西方艺术中也可以找到类似现象(当然有差异),比如罗马时期的艺术,或是罗可可风格的艺术等,但“初发芙蓉”之美显然是中国文化所独有的。更进一步,中国艺术重传神和意韵,亦与中国美学崇尚“初发芙蓉”之美的观念有密切关系。

如前所述,在中国文化结构中,儒道互补构成了中国传统文化的二重奏。但是,就儒道思想的实际影响来说,后者更加切近中国美学精神和艺术。关于这一点,李泽厚写道:“如果说荀子强调的是‘性无伪则不能自美’;那么,庄子强调的却是‘天地有大美而不言’,前者强调艺术的人工制作和外在功利,后者突出的是自然,即美和艺术的独立。如果前者由于以其狭隘实用的功利框架,经常造成对艺术和审美的束缚、损害和破坏;那么,后者则给予这种框架和束缚以强有力的冲击、解脱和否定。……[道家的]这些神秘的说法中,却比儒家以及其他任何派别都抓住了艺术、审美和创作的基本特征:形象大于思想;想象重于概念;大巧若拙,言不尽意;用志不分,乃凝于神。”[①]从上述论断来看,“错彩镂金”和“初发芙蓉”两种美感,似与儒道两家思想有某种复杂的关联。比如荀子“性无伪则不能自美”,强调艺术的人工制作和外在功利,与“错彩镂金”之美的功能相近;而庄子“天地有大美而不言”,强调的是自然,即艺术独立,似与“初发芙蓉”之美更接近。虽然我们不能作简单比附对应,但有一点可以肯定,那就是道家美学的确与“初发芙蓉”之美有密切关系。

从总体上说,“初发芙蓉”之美的特征主要体现为**自然平淡**,宗白华把“玉”看作是这一美学观的体现,是很有说服力的。他认为,中国向来把“玉”作为美的理想,玉之美也即“绚烂之极归于平淡”的美。一切艺术的美,乃至人格的美,都趋向于玉的美:内部有光彩,但是含蓄的光彩,这种光彩是极绚烂,又极平淡。[②]

假如我们回到道家思想的根源上来看,这种自然平淡的观念可

---

① 李泽厚:《美的历程》,文物出版社1981年版,第53—54页。

② 宗白华:《美学散步》,上海人民出版社1981年版,第31页。

谓根深蒂固。“平淡”作为一个美学范畴,其思想资源显然来自道家学说。老子提出了“味”的概念,“道之出口,淡乎其无味”。“为无为,事无事,味无味。”叶朗颇有见地地指出:

> “无味”也是一种“味”,而且是最高的味。王弼注:“以恬淡为味。”老子自己也用过“恬淡”这个词,所谓“恬淡为上,胜而不美”。老子认为,如果对“道”加以表述,所给予人的是一种恬淡的趣味。后来晋代陶潜、唐代王维在创作中,唐末司空图在理论中,以及宋代梅尧臣、苏轼等人在创作中,都继承和发展了老子的这种思想,从而在中国美学史和中国艺术史上形成了一种特殊的审美趣味和审美风格——“平淡”。这种美学史和艺术史上影响很大的审美趣味和审美风格,最早就是渊源于老子的美学。①

平淡在中国古典美学中是一个极高的境界,历史上许多伟大的艺术家和诗人都有所论述。李白有所谓“清水出芙蓉,天然去雕饰”;杜甫则强调“直取性情真”。梅尧臣曰:“作诗无古今,唯造平淡难。”苏轼直言:“大凡为文,当使气象峥嵘,五色绚烂,渐老渐熟,乃造平淡难。”

说到平淡,很自然地又回到谢灵运的《登池上楼》的经典佳句——“池塘生春草,园柳变鸣禽”——上来了。后人对这两句诗

---

① 叶朗:《中国美学史大纲》,上海人民出版社1985年版,第33页。

的评价,大都给予了“自然”“平淡”的评价。在中国古典美学中,“自然”“平淡”决非平庸和平常,而是一种极高的难以企及的境界。皎然说:“尝与诸公论康乐为文,直于情性,尚于作用,不顾词彩,而风流自然。……至如……《登池上楼》,识度高明,盖诗中之日月也,安可攀援哉!”遍照金刚评述道:“诗有天然物色,以五彩比之而不及。由是言之,假物不如真象,假色不如天然。如此之例,皆为高手。如‘池塘生春草,园柳变鸣禽’如此之例,即是也。”我想,这也就是中国艺术独特的美学特征所在!

关于平淡,我们还可以举出许多生动的例证。比如中国画以水墨为主,而墨色只有黑白灰的变化,通常在色彩学上不属于彩色。较之于彩色世界,表面上看黑白灰要单调得多,但水墨画在中国画中却有着至高无上的地位,黑白灰同样可以千变万化地表现大千世界,唐代张彦远说“运墨而五色具”,即是说五色就包含在墨色的黑白灰里,所谓“墨分五色”。这种观念对西方绘画的色彩观来说,是难以理解的。北宋以降,山水画开启了中国画的新境界,水墨表现力得到了极大的提升,虽有各种“青绿山水”的出现,但水墨的黑白灰表现方式始终是中国画的主导形态。如果我们从“自然平淡”美学观来考量水墨为上的根源,就不难理解了。正是这种自然平淡的美学观导致了水墨为上的表现方式,中国古代画家正是透过墨色变化这个看似平淡无味的视角,揭示了我们生活世界里丰富多彩的斑斓景象。

至此,你大约已经把握到中国美学的大致风貌了。现在,你可

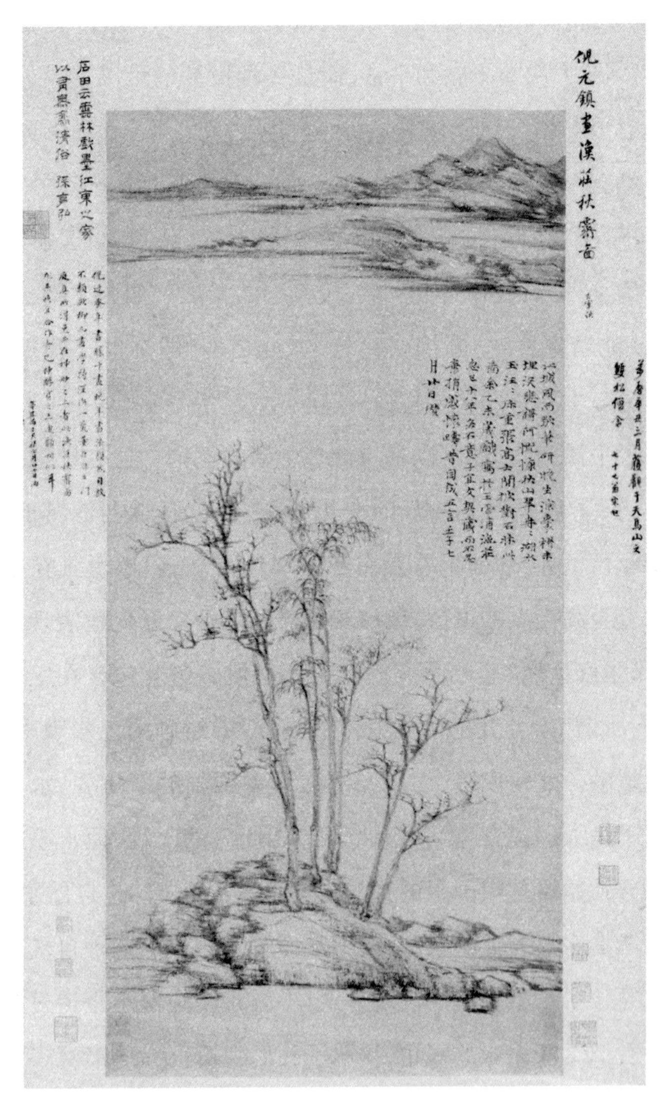

图 18 倪瓒《渔庄秋霁图轴》

以尽力发挥自己的想象力，联想和引发出更多的“初发芙蓉”之美的生动例证，由此更加深切地体验中国美学和艺术的独特韵味，并为我们拥有如此璀璨的“伟大传统”而倍感自豪。

关键词：

中国古典美学　儒家　道家　儒道互补　初发芙蓉　错彩镂金　自然平淡

延伸阅读书目：

1. 宗白华：《中国美学史中重要问题的初步探索》，载宗白华：《美学散步》，上海人民出版社 1981 年版。

2. 李泽厚：《先秦理性精神》，载李泽厚：《美的历程》，文物出版社 1981 年版。

风景三

美与崇高

一座顶峰积雪、高耸入云的崇山峻岭，对于一场狂风暴雨的描写或弥尔顿的地狱国土的叙述，都激发人们的欢愉，但又充满着畏惧；相反地，一片鲜花怒放的原野景色，一座溪水蜿蜒、布满着牧群的山谷，对伊里修姆的描写或者是荷马对维纳斯腰束的描绘，也给人一种愉悦的感受，但那却是欢乐和微笑的。为了使前者对我们能产生一种应有的强烈力量，我们必须有一种崇高的感情；而为了正确地享受后者，我们就必须有一种优美的感情。……崇高使人感动，优美则使人迷恋。……崇高必定总是伟大的，而优美却也可以是渺小的。崇高必定是纯朴的，而优美则可以是着意打扮和装饰的。

——康德：《论优美感和崇高感》

我们现在已经走到了第三个窗口前,朝外看去,那是一片西方古典美学的风景。

看完了本土的,再来看西洋的,我们就有了一种比较参照的意识,正是通过比较和参照,拓宽了我们对中西古典美学的理解,更加深刻地体验不同文化背景中的古典美学之差异。

当然,审视西方古典美学景观也并非易事。久远的历史,纷繁的景象,众多的学派,令人目不暇接。这里,我们仍采取前面的观法,以一斑而窥其全身,即选择西方古典美学的几个景观,进而深入到包罗万象的宏大图景中去。这里选取的两个景观是西方古典美学最核心的两个关键词——优美与崇高。但要说清这两个重要的西方古典美学范畴,首先要回到西方美学思想史的渊源上探寻。

西方古典美学的渊源

也许你已经注意到,较之于中国古典艺术及其古典美学观,西方艺术的发展路径有很大的差异。东晋大画家顾恺之画人不点眼睛这样的事情,在西方画家那里是决然不会出现的。希腊画家则为自己所画的葡萄竟然使鸟儿飞来啄食而倍感自豪。逼真的模仿在希腊成为艺术家的普遍追求,这和中国古典画家强调内在神韵不同。公元前6世纪,希腊画家们已经发现了透视的效果,物体的远近构成大小,光线的作用形成阴影。于是,他们开始倾心研究光线和物体之间的透视关系。灭点原则应运而生。到了公元前4世纪,人和马的身体透视缩形画法已臻于完善,利用明暗产生立体感的技术已被掌握,高光甚至反光得到了充分的研究,关于透视原理的著作也陆续问世。至于雕塑,对人体解剖及其种种姿态的研究更是精细入微,古希腊素以精美的雕塑艺术闻名于世,而雕塑是以人体表现为宗旨,当时涌现出许多伟大的雕塑家和雕塑作品。在古希腊,不但绘画、雕塑发达,而且建筑、戏剧、史诗和音乐亦很兴盛。西方史诗文学的叙事传统很深厚,戏剧的出现也比中国要早,在比较美学上,这一参照说明了一个规律,不同的文化有不同的艺术发展进程和美学观念,主要艺术门类在不同文化中的发轫和发达的时间周期也大相径庭。当"轴心时代"我们的古代先民们沉浸于抒情诗之时,古希腊却是史诗和悲剧的兴盛。这都表明不同文化的发展,有许多各自的特征,它们之间存在着巨大差异。

较之于中国古典美学,西方古典美学也是另一番风景,所关注的问题全然不同。在柏拉图那里,美的讨论占据了主要地位,而且充满了机智和悖论。比如,柏拉图虔信美的汤罐不如人美,而美少女又不如神的美;种种事物所以美,乃是“美本身把它的特质传给一件东西,才使那件东西成其为美”。这就是说,有一种使事物成为美的美之本质,形态各异的美不过是它的反映而已。美的事物乃是对美本身的模仿,就像柏拉图所形象描述的那样,画家画的床是模仿了木匠制作的床,而木匠制作的床则是对理式的床的模仿,而这个理式的床便是美本身。

与柏拉图不同,毕达哥拉斯学派则把美视为一种和谐的数字比例关系,恰如他们把万物的本原当作“数”一样。美的身体是各部分恰当的比例,美的音乐则是各种乐音之间的和谐,他们甚至得出了结论说,球形是一切立体物中最美的,而圆形则是一切平面图形中最美的。

前一种观点道出了美的事物的模仿原则,后一个理论点出了美的形式法则。在古希腊艺术家那里,模仿成为普遍的审美原则,米雍尝试了表现身体动态的美,毕达哥拉斯探索如何来表现人的头发、肌腱和血管的表现力,李西普则把人体的比例略加调整,使其显得修长动人,姿态优雅。一方面,画家们为画出逼真的空间效果而自豪,另一方面,美本身作为一种理想,往往使得艺术家超越模仿物而追求美的理念。

通过古希腊文化和艺术的简单描述,我们不但看到了西方古典艺术和美学的独特气质,而且感受到这个源头对整个西方文化和美学的深刻影响。其实,西方文化和美学的源头并非只有希腊一支,还有另一个源头——希伯来。

希腊精神和希伯来精神

恰如中国文化的源起十分复杂一样,西方文化的源头也很多元。但是,这并不是说各种源头都对西方文化产生了同样重大的影响。比较而言,希腊和希伯来文化是最为重要的两个源头,就像儒家和道家对中国的影响那样。“**双希精神**”像一个巨大的钟摆,深刻地塑造了西方文化的面貌。关于这一点,英国学者阿诺德写道:

> 作为一个民族,我们是依照自己所拥有的最佳准则才显出我们值得赞美的活力和毅力的,……亦即我们强有力和值得赞誉的特征是活力而非智力。……在某种意义上,我们把这两种力量视作彼此对立的,但不是因其本身性质的必然性而对立,而是在人及其历史中展现为敌对力量,即在这两种力量之间来划分这个世界帝国。假如我们要用两个卓越而又辉煌地体现这些力量的民族来命名的话,那么,我们可以分别称之为**希伯来精神**(Hebraism)的力量和**希腊精神**(Hellenism)的力量。我

> 们的世界正是在希伯来精神和希腊精神这两种影响之间运动。某个时刻世界感到了其中一极更有力的吸引，另一时刻则感受到另一极的吸引力。世界应在两极间完美和谐地实现平衡，尽管这从未实现过。[①]

在阿诺德看来，“活力”与“智力”的对立，构成了西方文明的基本面貌，它们实际上就是希伯来和希腊精神的化身。那么，“双希精神”究竟有哪些具体的差异呢？它们如何塑造了西方美学的风景呢？

在阿诺德看来，希腊和希伯来这两种文明的基本精神尽管有相通之处，但在一些最重要的方面是彼此对立互补的。首先，希腊精神的最终目的乃是“人的完满”，而希伯来精神的最终目的则是“人被拯救”；其次，希腊精神的最高观念是“按事物本来面目看待事物”，而希伯来人则认为，“训诫和服从”高于一切；最后，希腊人的支配性观念乃是“人的意识的自发性”，而希伯来人却强调“良知的严格性”。[②] 阿诺德关于“双希精神”的概括把握了西方文化的基本命脉和历史逻辑，对于我们理解西方文化的特征和历史演变很有启发性。后来，很多人顺着这个思路来探讨西方文明的源起，并把这个二元对立的格局更加具体化了。美国当代哲学家巴雷特就指出，

---

① Matthew Arnold, *Culture and Anarchy*, Cambridge: Cambridge University Press, 1971, pp. 129—130.

② Ibid., pp. 130—132.

希腊人缔造了西方人的理性和科学,而希伯来人则创立了西方人的道德和信仰。这就是西方文化的根源,两者是相辅相成对立补充的。

小资料:希伯来精神与希腊精神

1. 希伯来文化中理想的人是信仰的人。就希腊文化来说,至少在它的两个最伟大的哲学家柏拉图和亚里士多德的最终哲学表达中,理想的人是理性的人。

2. 信仰的人是完整的具体的人。希伯来文化并不放眼普遍的人、抽象的人;它所看到的总是具体、特定、个体的人。另一方面,希腊人是历史上最早的一批思想家,他们发现了一般的、抽象的和没有时间性的本质、形式和理念。

3. 对于希腊人,由此产生了作为只有哲学家才能踏上的通往智慧之路的超然性的理想。……研究理论的人,哲学家或者纯理论科学家。……希伯来文化强调的是献身性,是人充满热情地投入他终有一死的存在(既包括肉体也包括精神),以及他的子孙、家庭、部落和上帝。

4. 对于犹太人来说,永生除了体现于不可知和可怕的上帝以外,是一个相当可疑的概念。而对希腊人来说,永生则是人能够通过其智力可以随时达到的东西。

5. 希腊人发明了逻辑。希腊人关于人是理性动物的定义,从字面意义上来说,就是人是逻辑的动物;按更本原的含义则是人是有语言的动物。……在希伯来人看来,智力的状态是最典型地反映在约伯的朋友们愚蠢而又狂妄的唠叨之中,他们的议论从未触及问题的核心。生活的终极问题发生于语言所不能达到的深处,也就是信仰的最深处。……

6. 希腊人把美和善作为等同的东西或者至少是永远一致的东西来追求。事实上希腊人用一个单名"美的即善的东西"来表达美和善。阿诺德简洁地提及的希伯来人的罪孽感,是深知人类存在的痛苦而又难以驾驭的一面,从而不能允许轻易地把善与美等同起来。

——摘自巴雷特:《非理性的人》,商务印书馆 1995 年版

假如我们把"双希精神"视为西方文明的源头,显然,西方古典美学的源起当然和"双希精神"密切相关。恰如中国古典美学是在儒道互补的格局中形成的一样,西方古典美学也是在"双希精神"的"巨大钟摆"中被塑造的。如果说在中国古典美学中,儒家创立了"和"的美学观念,而道家缔造了"妙"的理念的话,那么,在比较的意义上看,"双希精神"也孕育了不同的美学观念和范畴。宽泛地说,希腊精神与西方古典美学中的**美**的观念关系更为密切,而希伯来精神则与**崇高**的范畴有更深刻的联系。

在希腊文明中,美是一个至高无上的观念。米洛的维纳斯仪态万方,倾倒多少文人雅士;帕台农神庙器宇轩昂,开西方历代建筑之先河;荷马的史诗,宙克西斯的绘画,欧里庇德斯的悲剧……,希腊

图 19 拉斐尔《雅典学园》

的世界乃是一个美的王国。

希腊人也许是最早发现并崇拜美的民族,以至于德国艺术史家温克尔曼坦言:现在广泛流传的高雅趣味,最初是在希腊的天空下形成的。美是希腊人贡献给这个世界的一个礼物。在希腊文明中,美的含义远不止是形体的优美漂亮,它还有更加深刻的意涵。柏拉图曾经说道,一个人应该通过训练和思考,努力从最初的美的形体向更高境界升华。这个审美修炼或培育的过程分五步:第一步是从只爱一个美的形体开始;第二步则透过个别的美的形体感悟到普遍的美的形式;第三步是逐步认识到美的心灵比美的形体更可贵;第四步则进入广泛的社会文化,由行为和制度的美进入各种学问知识的美;最后一步,达到理式的美。[①] 柏拉图关于美的不同层次的说法,道出了希腊人关于美的重要观念。不难发现,理性观念在希腊人关于美的观念形成过程中具有极其重要的作用。人体的美源于"人的完善"的理念,对美的本体论规定以及经验的考察,以及美的事物的关系分析和观察,则和科学精神和抽象理论态度关系密切。可以说,理性的人和完善的人等希腊理想,鞭策着希腊人在追求美的道路上前行。美这个概念表现了至高无上的完善、尊贵和价值,它与真、善、知、自然、存在和艺术等范畴关系密切。一些古典学者发现,在希腊,美是依照以下方式来加以理解的:

---

① 《柏拉图文艺对话录》,人民文学出版社 1963 年版,第 271—272 页。

1. 美是超凡卓越的;

2. 美超越了一切尺度和特征,和无限相关;

3. 美与一切事物有关;

4. 美被认为和诸神、自然、人以及人的作品(艺术品)相关;

5. 美涉及特定的事物、形状、色彩、声音、思想、习俗、性格和法律;

6. 美与善和卓越不可分离。[①]

其实,在希腊文明中,美这个概念从一开始便是复杂的、充满内在矛盾的。[②] 恰如一些学者所指出的:美既展现为我们称之为美的事物的特质,又呈现为超越一切定量分析和语言范畴之物;美的形式是有限的、可感的,但它本身又是无限的、超越一切形式的;美把人与自然以及德性和神性联系起来。从古希腊以降,西方古典美学思考便和美结下了不解之缘。以至于古典美学几乎就是"美的哲学"的同义语。无疑,在西方古典美学的知识构架中,美的地位异常显赫,它在相当长的时期内成为统领美学思考的核心范畴。

---

① 详见 *Encyclopedia of Aesthetics*, New York: Oxford University Press, 1998, p.238。

② "美"这个概念在西方古典美学中有广义和狭义两种用法。广义的美涵盖了各种美学范畴,包括优美、崇高、悲剧、喜剧和丑等。狭义的美则是指优美或秀美,狭义的美的概念是和崇高概念对应的。在西方古典美学研究中,这两个含义有时没被那么明确地加以区分,这是需要我们注意的。本书美的概念有时是指广义的美,有时是指和崇高对举的狭义的优美或秀美,特此说明。

在西方古典美学中,除了美之外,还有诸多其他重要的美学范畴,崇高就是这样的重要范畴。倘使说美和希腊精神关系密切的话,那么,崇高作为一个美学范畴或许和希伯来精神更契合。换言之,我们可以从希伯来精神的视角来透视崇高。巴雷特注意到,在希伯来文化中,美和善绝不能等同,换言之,在希伯来文化中,善高于一切。希伯来人的历史全然有别于希腊人,如果说希腊文化反映了西方文明中理性和欢乐的一面,那么,希伯来文明则揭橥了西方文明中信仰与苦难的一面。

希伯来人在其漫长艰难的历史中,逐渐形成了一种特殊的文化。历史上希伯来人饱受奴役之苦,先后收到菲力士人、亚述人、加勒底人、波斯人、罗马人、埃及人的奴役。所以,从一开始希伯来精神就有别于希腊精神。他们在艺术和文学上远不如希腊文化,但在宗教和法律方面却高度发达。独特的历史境遇使得希伯来人缺乏科学理性观念,但宗教思维却异常活跃,发展出一系列诸如魔鬼、来世、复活和最后审判等宗教观念。由此形成的希伯来文化带有强烈的宗教感、神秘主义和超越精神。希腊人关注的是人的完美,而希伯来人则强调人被拯救;希腊人的现世精神崇拜人自身,即使是神也带有明显的人的特征,而希伯来人的宗教意识则关注来世,强调原罪,因而转向对神的崇拜。在希伯来精神中,对伟大万能的上帝的崇拜,对来世的憧憬,对人自身有限性和原罪的清醒意识,都在某种程度上和崇高这样的美学范畴产生联系。崇高这个概念最初是由罗马诗人朗吉弩斯提出的,它是指一种文章的雄辩风格,其效果是“使我们扬举,襟怀磊落,慷慨激昂,充满了欢乐的自豪感”,所以“崇高风格是一颗伟大心灵的回声”[①]。值得注意的是,朗吉弩斯在表述崇高风格时,就引用了《圣经》文字来加以说明:“上帝说什么呢?‘要有光,于是有光;要有大地,于是有大地。”[②]另外,他还说道:“在别的方面可以证明这些天才无异于常人,但崇高却把他们提到近乎神的伟大心灵的境界。”[③]

随着公元4世纪基督教被接纳为罗马的国教,西方开始了漫长的基督教一统天下的中世纪。崇高遂从对自然和人的礼赞转化为对神的皈依和颂扬。朗吉弩斯曾经指出,崇高的对象不会是小溪和烛光,而是大江大河,是火山爆发,是那些引起我们惊叹的宏大对象。在中世纪,基督教神学则把这种对人、对自然的崇高惊叹转化为对神的崇拜。黑格尔说得好:“在崇高里则使神既内在于尘世事物而又超越一切尘世事物的意义晶明透彻地显现出来。……这种崇高,按照它最早的原始的定性,特别见于希伯来人的世界观和宗教诗。……神是宇宙的创造者,这就是崇高本身的最纯粹的表现。”[④]在中世纪哲学家普诺提诺那里,至高无上的美是神,它并不在尘世的下界,而在远离尘世的上界,因此人们不能用感官而只能

---

① 朗吉弩斯:《论崇高》,《缪灵珠美学译文选》,中国人民大学出版社1998年版,第82、84页。

② 同上书,第86页。

③ 同上书,第115页。

④ 黑格尔:《美学》,商务印书馆1979年版,第91—92页。

用心灵去感应。它所引起的情感状态是：心醉神迷，惊喜若狂，眷恋，爱慕，喜惧交集。对这种典型的宗教体验的描述，在相当程度上已很接近后来伯克和康德所分析的崇高感。

相对于希腊传统，崇高似乎带有更多的非古典传统和异族特色（从地域上说，希伯来文化是一种东方文化），所以后来的浪漫主义青睐于用异国风情来表现崇高，就是一个例证。流行于中世纪后期一直到 15 世纪末的哥特式艺术，哥特式（gothic）建筑这个概念，本义是指非希腊—罗马传统标准的建筑样式，它一方面代表了征服罗马的蛮族及其文化，另一方面又象征着取代希腊—罗马艺术风格和标准的异样风格。哥特式教堂作为一种建筑形式，最典型地代表了与希伯来精神相关的这种崇高，它尤其呈现为对上帝的敬畏和臣服。关于这一点，美国艺术史家列维写道：

> 具体说来，基督教为避开上帝责难所做的最早努力，必然与崇拜上帝的场所——教堂有关。与这种建筑最接近的建筑并不在于庙宇之中，而多是在罗马集会的大厅里或者在巴斯里卡会堂中，……他们的兴建几乎是对基督教世界观的一种讽喻：这些建筑不加修饰的砖石外表，到处是镶嵌图画的大理石的内部结构，都仿佛成了引向灵魂朝拜的天路历程。礼拜者首先通过有拱顶走道的庭院，然后走进门廊，这里是忏悔者与未入教者集中的地方，最后才进入教堂中央雕栋林立的本堂，这

> 里的纵向节奏把人们的目光和思路现行引向祭坛。在做弥撒时，上帝的偶像就会出现在祭坛上。祭坛后面是象征着永恒的半圆穹隆的后殿——它通向镶嵌以金银饰物，烘托出一种永恒的气氛；作为这一场面的背景，天国般的、消融在空间里的闪光，突出了救世主极度仁慈的神德。①

中世纪以降，哥特式建筑，浪漫主义运动，往往都带有明显的对崇高精神的膜拜和礼赞性质。神秘、迷狂、冲突和宏大风格始终伴随着崇高，以至于伯克坦言，崇高与美无关，它更接近丑。而康德则强调，崇高具有一种"进展到无限的企图"，一种超越感，亦与美感有很大不同。在后来的西方美学的崇高理论中，有一个将赋予神的那些属性逐渐还给人的历史转变，并逐渐和希腊的理性精神结合起来了。

在西方古典美学中，希腊精神和希伯来精神的交错互动，构造了西方美学的基本概念美与崇高。双希精神的"巨大钟摆"，从理性的人和完善的人的理想，到信仰的人和超越的理想，塑造了美和崇高的基本特性。

---

① 列维：《西方艺术史》，江苏美术出版社1988年版，第43—44页。

图 20　哥特式建筑——德国科隆大教堂

维纳斯与掷铁饼者

马克思曾说过，希腊人是正常的儿童，其艺术至今仍给我们以艺术享受，因为它代表了“一种规范和高不可及的范本”①。在西方文化史上，希腊无疑被视为一个文化的高峰期，它所创造的灿烂的成就映照了西方文化的漫长历史。

如果说希腊文化是西方文化的源头，那么，从美学角度说，希腊艺术实践塑造了西方美学的基本观念。一俟谈到希腊文化，人们总是以一种崇敬的心情来言说。以致叔本华如是说：“当我们远远地离开了希腊人的时候，我们也将因此而远远地离开了良好的趣味和美。”②而温克尔曼则认为：“大自然在希腊创造了更完善的人种，用波里比阿的话来说，希腊人意识到他们在这一方面和总的方面是优于其他民族的。任何别的民族都没有像希腊人那样使美享受如此的荣誉。”③最能代表希腊艺术成就及其美学观念的艺术，也许非雕塑莫属。丹纳说过，每个时代都有自己代表性和特有的艺术品种，希腊人崇尚完美强壮的身体，重视教育，敬仰神明，这些导致了希腊雕塑的产生：

---

① 《马恩论艺术》第1卷，中国社会科学出版社1982年版，第149页。

② 引自豪夫曼：《论雕塑》，载《世界艺术与美学》第一辑，文化艺术出版社1983年版，第243页。

③ 温克尔曼：《希腊人的艺术》，广西师范大学出版社2001年版，第108页。

> 希腊雕像的形式不仅完美,而且能充分表达艺术家的思想:这一点尤其难得。希腊人认为肉体自有肉体的庄严,不像现代人只想把肉体隶属于头脑。呼吸有力的胸脯,虎背熊腰的躯干,帮助身体飞纵的结实的腿弯:他们都感兴趣;他们不像我们特别注意沉思默想的宽广的脑门,心情不快的紧蹙的眉毛,含讥带讽的嘴唇的皱痕。完美的雕像艺术的条件,他们完全能适应;眼睛没有眼珠,脸上没有表情;人物多半很安静,或者只有一些细小的无关紧要的动作;色调通常只有一种,不是青铜的就是云石的,把灿烂夺目的美留给绘画 ,把激动人心的效果留给文学。……结果雕塑成为希腊的中心艺术,一切别的艺术都以雕塑为主,或是陪衬雕塑,或是模仿雕塑。没有一种艺术把民族生活表现得这样充分,也没有一种艺术受到这样的培养,流传得这样普遍。①

倘使说希腊文化代表了西方文化的重要源头之一,而雕塑又是这一文化的当然代表,那么,说到希腊雕塑,总免不了提到一些代表作。而一旦提及希腊雕塑,你最先想到的也许就是米洛岛出土的阿芙洛狄特(维纳斯)雕像了。这尊现存于巴黎罗浮宫的女神雕像,古往今来引发了多少人的膜拜崇敬,召唤了多少文人墨客吟咏赞美。据说当年德国诗人海涅叩拜在美神脚下,激动得泪流满面,感

---

① 丹纳:《艺术哲学》,人民文学出版社 1963 年版,第 46 页。

图 21 《米洛的维纳斯》

慨万千。俄国作家屠格涅夫则把这尊雕像与法国大革命相提并论。美术史家这样描述这尊雕像的魅力：这个半裸的女性雕像，虽然优美、健康、充满活力，可是并不给人以柔媚或肉感的印象。它的转折有致的身姿，显得大方甚至“雄伟”；沉静的表情里有一种坦荡而又自尊的神态。她不是他人的奴隶，所以无须故意取悦或挑逗别人；她也不想高居于人们之上，故也毫无装腔作势盛气凌人之感。在她的面前，人们感到的是亲切、喜悦以及对于完美的人和生命自由的向往。①

一般认为，希腊艺术的显著特征是对美的礼赞。温克尔曼在其著名的关于希腊艺术的研究中，得出了一个重要结论，那就是在希腊人那里，凡是可以提高美的东西没有一点被隐藏起来，艺术家天天耳闻目见，受到深厚的熏陶。甚至美被视为一种功勋。希腊关于美的种种观念在相当程度上体现在米洛的维纳斯雕像中，比如美是多样统一、和谐一致等。希腊人认为美是一种神圣的、纯净的和宁静的，就像温克尔曼总结的那样，希腊艺术有一种气质，那就是“高贵的单纯，静穆的伟大”②。我们可以在这尊雕像中发现这些希腊古典美学的特质，惟其如此，所以历史上人们常常将这尊雕像称之为“美神”。这种美具体说来，还可以用一个更加具体的美学范畴来概括——优美或秀美。

---

① 详见迟轲：《西方美学史话》，中国青年出版社 1983 年版，第 29 页。
② 温克尔曼：《希腊人的艺术》，广西师范大学出版社 2001 年版，第 19 页。

虽然我们说到美是希腊精神的写照,崇高与希伯来精神契合,但这并不意味着在希腊文化中唯有美,没有崇高。其实美与崇高普遍存在于各种文化甚至自然中。朱光潜先生曾经说过,老鹰古松不同于娇莺嫩柳,若细心体会,凡是配用“美”字形容的事物,不属于老鹰古松一类的,就属于娇莺嫩柳了。“骏马秋风冀北,杏花春雨江南”,前后两句意趣颇为不同,大约可以视为崇高和优美的描述了。所以,在希腊丰富多彩形态各异的雕塑中,你也会发现另一类风格的希腊雕塑作品,它们并不追求优美雅致的风格,而是另有追求。这方面,我们要提到的一件雕塑杰作乃是米雍的《掷铁饼者》。迥异于《米洛的维纳斯》那种秀美高雅的风格,米雍的《掷铁饼者》体现出另一种风格,它充满了动感和力量。雕塑家选取了运动员蓄势待发的瞬间,既不是连贯动作的开始,亦不是动作过程的结束,而是选取了弯腰旋臂一掷的中间过程。强调了动作的完整过程而极富暗示性,使人联想到他将把铁饼有力地抛掷出去。整个动作生动逼真,全无僵硬刻板之感。在造型上,雕塑家采用了一系列独特的美学原则,使得这尊雕像充满了活力:雕像的右侧线形是曲线延伸,而左侧则是锯齿状的之字线形;右侧是连续的延绵的,而左侧则是间断的;右侧是闭合线形,左侧是开放线形;右侧线条柔和光滑,左侧线条有角且富有变化。单纯的人体结构,大弓线以及四条几乎直角相交的直线,给处于动态的身体带来了和谐。[①]

---

① 参见《剑桥艺术史》,中国青年出版社1994年版,第38—39页。

图 22 米雍《掷铁饼者》

这里,我们感兴趣的不是这两尊雕像体现出什么一致的美学原则,而是想就两者的差异做些比较和引申。你可以展开自己的想象力,从各个侧面去把握两尊雕像的不同韵味。首先,维纳斯塑像趋向于宁静安详,而掷铁饼者塑像则强烈地富于动感。其次,维纳斯体态优美,线条舒展柔和,展现了女性的妩媚和优美,而掷铁饼者则弯腰屈腿,线条紧张而充满力量,显露出男性的刚健与雄浑。再次,维纳斯造型诸因素和谐完整,讲求变化中求得统一,而掷铁饼者的各种造型要素则倾向于强烈的对比,因而构成一种紧张。仔细端详两尊雕塑,细细体悟个中三昧,慢慢地就会发现两者与优美和崇高风格有相当的关联。维纳斯像把人们带向了优美风格,彰显出西方古典艺术的重要一面;而掷铁饼者则把人们引向崇高风格,揭橥了西方古典艺术的另一相面。至此,我们便进入了对优美与崇高的思考了,在对这两个核心概念的讨论中,我们会触及西方古典美学的精神内核。

美与崇高

在西方古典美学中,美和崇高是两个经常被对举的范畴。率先对这一组范畴作讨论的也许是英国哲学家伯克。他认为,美的对象是引起爱或类似情感的对象,它对人具有显而易见的吸引力,所产生的是一种愉悦的体验。美通常有如下性质:小的,柔和的,明亮的,娇弱的,秀美的,轻盈的,圆润的等等,比如女性的美之类。相反,崇高的对象则是引起恐惧,它带有痛感性质,常常是面临危险却又并不非常紧迫。崇高对象的性质往往带有体积巨大、晦暗、力量、空无、壮丽、无限、突然性等等,比如高山大海、神庙猛兽等。

到了康德,美与崇高的命题被进一步深化了。在他看来,美的对象就是引起人们不凭利害单凭快感与否来判断的对象,一般来说,美又分为"纯粹美"和"依存美"两类。前者如美的图案、单纯的色彩和乐音、花卉等,后者如一个女人完美地体现出女性的魅力等。总之,美就是引起人们愉快的感性形式,它协调了人的想象力和理解力,具有普遍性。与此不同,崇高则表现出另一种形态。如果说美涉及对象的形式(和谐等)的话,那么,崇高则涉及对象的无形式(不和谐),它又呈现为数量的崇高和力量的崇高两种类型。数量的崇高包括体积无限大的对象,如崇山峻岭江河大海;而力量的崇高则是那些拥有巨大威力和支配力的对象,如疾风暴雨、山崩地裂等。康德发现,美的对象直接引起的是快感,而崇高的对象所引起的则是一种由痛感转化而来的快感。数量或力量巨大的对象首先会构成"恐惧的对象",进而对人产生一种威胁,尔后它又唤起了人的理性和尊严,使人战胜了恐惧而实现了自我的升华,所以是一种由痛感转化而来的快感。

在希腊艺术雕塑中,我们不但见到各式维纳斯、赫尔姆斯等神像,同时也可以看见决斗士、武士、角力者、拉奥孔这样的雕像。前者洋溢着优美和愉悦之情,后者充溢着力的较量和命运的苦痛。不仅雕塑,在文学中,既有短小精美的萨福的抒情诗,亦有气势恢宏的荷马史诗。这里我们还可以用希腊建筑的三种柱式来说明。作为希腊建筑“灵魂”的柱子,有三种基本柱式,它们也构成了不同的风格:多里克柱式庄重而朴素,富于庄严性和力量;爱奥尼柱式轻盈活泼,优雅而富于变化;科林斯柱式精巧细致,富于豪华性和装饰性。在比较的意义上,也许我们可以把希腊建筑中的爱奥尼和科林斯柱式看作是倾向于美的样式,而把多里克柱式当作是趋向于崇高的样式。细细把玩这些柱子所传达的不同意味,可以体会到美与崇高的不同神韵。

我们甚至可以用“日神精神”和“酒神精神”这对范畴来进一步阐述美与崇高。尼采在对希腊悲剧的研究中发现,悲剧中存在着两种对立的精神:即日神精神和酒神精神。日神是造型艺术,诚如温克尔曼当年对希腊艺术所做的描述,它带有“静穆的伟大,高贵的单纯”的特质。在尼采看来,日神表现出愉快的性格,它是造型力量之神、预言之神,代表了更高的真理,是一种与日常生活相对立的、难以把握的完美性,具有朴素和规则的特性,适度的克制和静穆。“日神本身理应被看作个体化原理的壮丽的神圣形象,他的表情和目光向我们表明了‘外观’的全部喜悦、智慧及其美丽。”[①]相比之下,酒神是日神的反面:个体化原则崩溃,从人的最内在天性中升起的狂喜,激情的高涨,主观化入忘我之境。相对于日神的“梦”,酒神是

---

① 尼采:《悲剧的诞生》,三联书店1986年版,第5页。

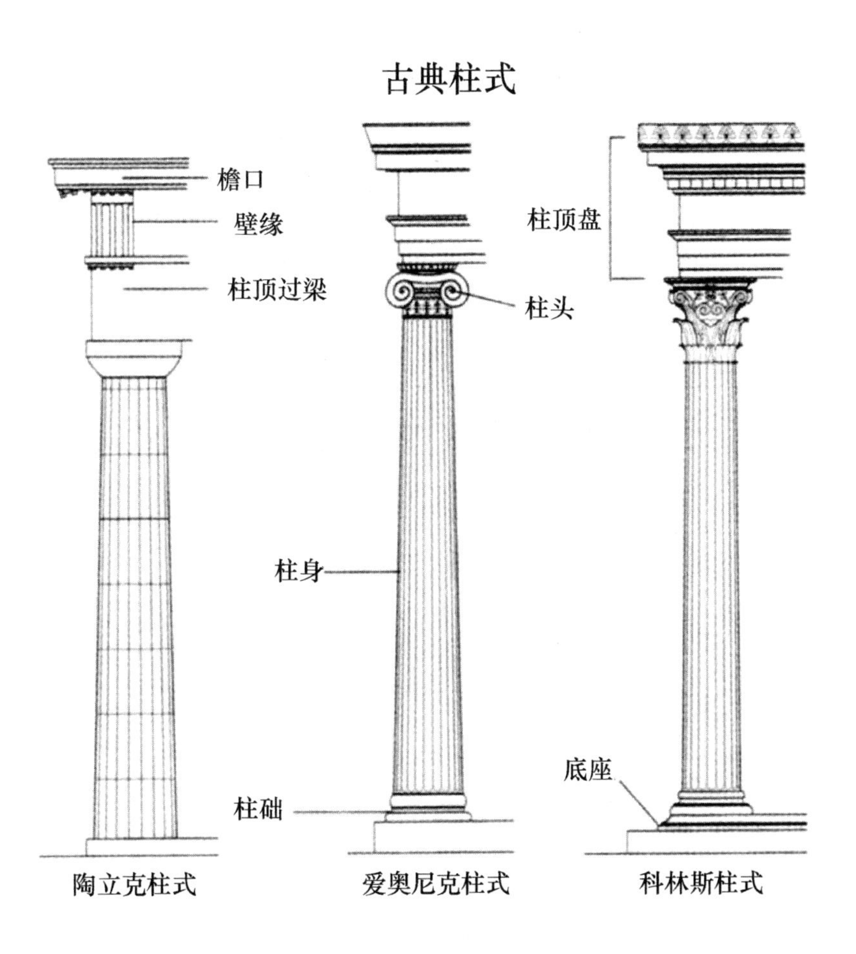

图 23　希腊建筑的三种柱式

“醉”;相对于日神的“静穆”,酒神是“狂喜”。

> 个体化的神化,作为命令或规则的制定来看,只承认一个法则——个人,即对个人界限的遵守,希腊人所说的适度。作为德行之神,日神要求着的信奉者适度以及——为了做到适度——有自知之明。于是,与美的审美必要性平行,提出了“认识你自己”和“勿过度”的要求。……酒神冲动的作为也是“泰坦的”和“蛮夷的”;同时他又不能不承认,他自己同那些被推翻了的泰坦诸神和英雄毕竟有着内在的血缘关系。——个人带着他的全部界限和适度,进入酒神的陶然忘我之境,忘掉日神的清规戒律。[①]

值得注意的是,尼采在谈及日神和酒神时,不但指出了它们之间的差异,而且还将美与日神、崇高与酒神相关联。他认为日神的适度和美的审美必要性是平行的,这一点在希腊美学中有很多表述(诸如“美在和谐”“美在适度”等);而崇高在酒神中就是用艺术来战胜恐惧。

> 我的目光始终注视着希腊的两位艺术之神日神和酒神,认识到他们是两个至深本质和至高目的皆不相同的艺术境界的生动形象的代表。在我看来,日神是美化个体化原理的守护

---

① 尼采:《悲剧的诞生》,三联书店1986年版,第15—16页。

神，唯有通过它才能在外观中获得解脱；相反，酒神神秘的欢呼下，个体化的魅力烟消云散，通向存在之母、万物核心的道路敞开了。[①]

或许我们可以把日神看作是接近美，而将酒神视为接近崇高。两者互动互成，构造了西方艺术和美学的丰富多彩的图景。

至此，我们可以小结一下美和崇高各自的特征了。首先，美是对象的完美、和谐与统一，带有静态的特征，恰如温克尔曼所说，宁静是美最突出的特征；而崇高的对象往往充满了内在冲突和张力，具有不断运动激荡的特性。其次，美的对象具有特征性的形式和外观，诸如小巧、柔顺、完善、圆润等，凸显为一种令人喜爱的感性形式；相反，崇高的对象则常常体现出巨大、无限、晦暗、粗犷等，亦即体现出某种反形式特性。再次，美的对象是令人愉悦的，它招致一种主体向往、流连和被吸引的心理状态，它使得主体趋向于接近对象；与此不同，崇高的对象由于内在的矛盾和冲突，由于其反形式，往往造成一种开始拒斥主体、尔后升华主体的转变过程。因此，在崇高对象的欣赏中，有一个从痛感向快感的转化。如果说美感是单纯的快感的话，那么，崇高感则是痛感向快感的转变。最后，从对象与主体的关系来说，美的对象吸引主体，因此在欣赏过程中主体与客体渐趋同一，最终达到主客交融；而崇高对象与主体的关系则要

① 尼采：《悲剧的诞生》，三联书店 1986 年版，第 67 页。

复杂得多,首先是崇高对象对主体造成恐惧,因而产生拒斥和威胁,进而唤起了主体自身的理性观念和勇气后,主体便超越了对象达到新的精神境界。这个过程使得主客关系由拒斥最终达到同一。

小资料:美

美这个概念来自希腊语“bellus”,意思是“漂亮”,其法语形式是 beau。美是哲学家努力要发现的一种特质。标准的定义是:美是事物的一种特质,它使人的感官和理智感到快乐和愉悦。然而,抚慰可以使人感官快乐和愉悦,但似乎很难说抚慰也是美的。一些哲学家认为,美是对象一种内在的与心灵无关的特性。另一些哲学家则主张,美不是客观的,而是存在于精神主体产生某种特殊反应的心态之中(诸如一种赞同感)。在这些界定中,艺术品是美的,不属于艺术品的自然的某些部分(诸如一些植物)也是美的。

——《布鲁斯伯里人类思想指南》,布鲁斯伯里出版公司 1993 年版

小资料:崇高

这个有其古典渊源的概念是在 18 世纪逐渐被广泛使用 ,它和浪漫主义的关系最密切。这个概念通常和朗吉弩斯论修辞的著作有关,因此而有文学和宗教上的用法,意思是巨大和无限。在爱迪生《想象的快乐》中,这个概念又加入了神灵焕发之天才的意义。然而,赋予这个词以浪漫意味的则是伯克,他率先强调了这个词和

风景的联系:当我们通过艺术看到令人恐惧的自然时,它会创造出一种崇高感,它和美所唤起的安全而宁静的感受形成鲜明对照。像罗沙这样的艺术家最初实现了崇高的标准,但他所控制的如画的景观渐渐不再令人振奋了。到了1790年代,崇高的自然和阿尔卑斯山完全一致了,两个艺术家(透纳和考森斯)以及诗人雪莱都去那里旅行,既获得了灵感,又感到恐惧。马丁和丹比这样的艺术家强调的人的无意义,而福塞利和其他人则把崇高置于一个历史的和文学的语境中加以考察。

——《布鲁斯伯里艺术指南》,布鲁斯伯里出版公司1996年版

这里不妨举风景画为例。法国画家柯罗的风景画美轮美奂,色彩对比和谐,景物安排错落有致,充满了田园诗意的美。比如他的代表作《孟特枫丹的回忆》,画面宁静致远,山水映照,树影婆娑,反映出画家心中理想的自然境界。如果我们去看几乎与柯罗同时代的英国风景画家透纳的作品,则完全是另一番景致。他的《暴雪》中,色彩充溢着强烈的对比,于是描绘出一个充满紧张的场面,乌云与太阳在较量;画面笔触雄劲苍健,大有山雨欲来风满楼之势,充满了力量和张力,极富崇高意味。

在了解到美与崇高的差异之后,细心的读者可以发挥自己的联想,去体会你在欣赏艺术作品时的真切感受,有时你感悟的是美的意味,有时你被崇高的风格所打动。如果你去聆听莫扎特和门德尔

松的音乐,多有如行云流水优美动人之感,洋溢着一种欢快愉悦的情绪,典型地体现出优美的意味;反之,如果沉浸在贝多芬的《第五交响曲》或柴可夫斯基的《悲怆》中,却感受到另一种撼人心魄的悲剧性力量,它超越了我们的个体局限,将思绪引向深刻的人类命运冲突,进而唤起一种升华了的崇高体验。在诗歌中,我们流连于济慈《希腊古瓷瓶颂》那优美诗句和联想之中,被美所感染;但进入雪莱《西风颂》的世界,一定会被诗人那豪迈奔放的激情所震撼,"如果冬天已经来临,春天还会遥远吗?"再比较一下西方建筑,洛可可式的建筑和贵族的私家花园,大都遵循美的原则,强调小巧、柔和、平衡、对称、和谐等形式美;但英国的巨石阵、雅典的帕台农神庙,罗马的斗兽场和万神殿,则充溢着恢宏壮阔的崇高气势。

美学家李斯托威尔用优美的笔调描写了普遍存在的美:从菲狄亚斯雕刻的男女诸神完美的体型中,从提香和鲁本斯所画的艳丽的裸体中,闪射出健康的金色光芒,我们瞥见了完美的人物。活跃在索福克勒斯悲剧中高尚的人物,歌德笔下纯洁无瑕的伊非格尼亚,乃是人类品质的理想。在浪漫主义诗人的抒情诗那田园般的极乐境界里,洋溢着宁静、幸福而和谐的氛围。特别是在莫扎特、舒伯特音乐那种像是漂浮在夏日无云的长空那样静穆而狂欢的喜悦中,绽放出感情的鲜花。崇高则也在向我们展现出它的神采:阿尔卑斯山峰高耸入云,尼亚加拉大瀑布飞流悬湍,具有崇高的庄严感。普罗米修斯或安提戈涅的英雄主义,浮士德神圣的追求,哈姆雷特高尚而又痛苦的灵魂,都转变为我们的崇高感受。聆听贝多芬雄壮的交

图 24　柯罗《蒙特枫丹的回忆》

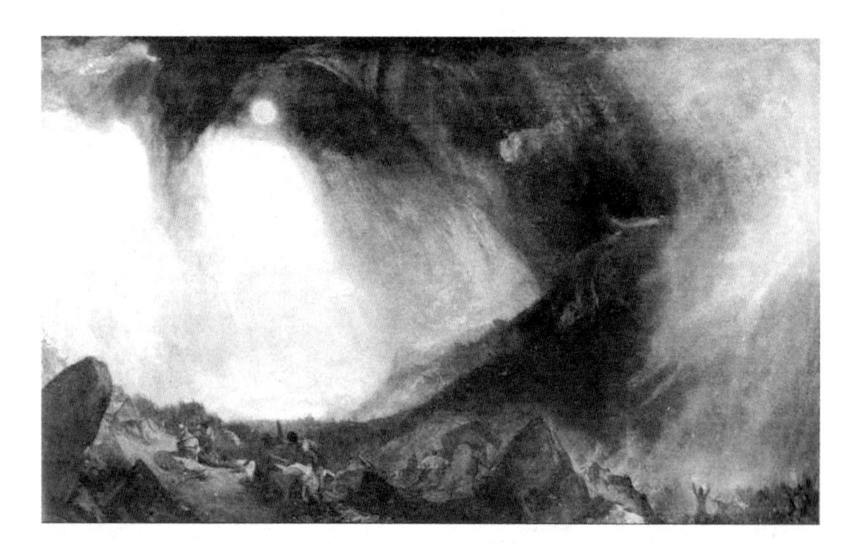

图 25　透纳《雪暴》

响曲,巴赫伟大的弥撒音乐,凝视米开朗琪罗的西斯廷奇迹,注视圣彼得大教堂那令人震撼的广阔,或完全迷失在平静的波浪起伏的无边大海中,或沉溺于群星灿烂的广袤宇宙里,震惊的崇高之情油然而生。①

小资料:美学家论美与崇高

论　美

赫拉克利特:互相排斥的东西结合在一起,不同的音调造成最美的和谐。

柏拉图:美是永恒的,无始无终,不生不灭,不增不减。

亚里士多德:美是一种善,其所以引起快感正因为它是善。

温克尔曼:美颇有些像从泉中汲出来的最纯净的水,它愈是无味,愈是有益于健康,因为这意味着它排除了任何杂质。

康德:美是道德观念的象征。

雨果:美只有一种典型;丑却千变万化。

论　崇　高

朗吉弩斯:崇高是伟大心灵的回声。

---

① 详见李斯托威尔:《近代美学史评述》,上海译文出版社1980年版,第213—232页。

伯克:崇高是引起惊羡的,它总是在一些巨大的可怕的事物上面见出。

康德:我们欣然地把它们称为崇高,那是因为它们把我们灵魂的力量提升到那样一种高度,远远地超过了庸俗的平凡,并在我们内心发现了一种完全不同的抵抗力量。

鲁斯金:崇高是在伟大的感情上产生的效果……这伟大,无论是物质的、空间的、力量的、品德的或者美的。

布莱德利:任何以崇高来打动我们的东西,都产生出一种伟大的印象,而且更多的是——非常的、甚至令人震撼的伟大。

李斯托威尔:崇高存在于精神上或物质上令人震撼的宏伟里面。……没有灵魂的高尚伟大,最高贵的艺术作品和自然都必定会永远暗淡无光。

阴柔与阳刚之美

看完了西方古典美学舞台上优美与崇高的历史巡演,现在让我们把目光转向中国古典美学。虽说美和崇高是典型的西方古典美学的范畴,但有趣的是,在中国古典美学中亦有相似的概念,即"**阴柔之美**"和"**阳刚之美**"。

黄山的峻险超拔,庐山的秀丽妩媚,两者形成鲜明对照;江南水乡的秀美,与塞北高原的苍凉,也截然不同。不仅是自然风景迥然异趣,在艺术世界里,这种对比和区别更是彰明较著。举中国书法为例,赵孟頫行书“圆转流丽”(明傅山语),而怀素狂草则“以狂继颠”(怀素自语),似也存在明显差异。清代刘熙载以此观念来分析书法中两种形态,指出“大凡沉着屈郁,阴也;奇拔豪达,阳也”。文学史上通常将宋词的风格区分为所谓“婉约派”和“豪放派”,就体现出显著不同的文风。看来,美与崇高是普遍存在的两个美学范畴,它们构成了审美世界的两个圆心。清代姚鼐曾有如下精彩描述:

> 闻天地之道,阴阳刚柔而已。文者,天地之精英,而阴阳刚柔之发也。……其得于阳与刚之美者,则其文如霆,如电,如长风之出谷,如崇山峻崖,如决大川,如奔骐骥;其光也,如杲日,如火,如金镠铁;其于人也,如凭高视远,如君而朝万众,如鼓万勇士而战之。其得于阴与柔之美者,则其文如升初日,如清风,如云,如霞,如烟,如幽林曲涧,如沦,如漾,如珠玉之辉,如鸿鹄之鸣而入寥廓;其于人也,漻乎其如叹,邈乎其如有思,暝乎其如喜,愀乎其如悲。观其文,讽其音,则为文者之性情形状举以殊焉。且夫阴阳刚柔,其本二端,造物者糅而气有多寡进绌,则品次亿万,以至于不可穷,万物生焉。故曰:一阴一阳之为道。[①]

① 姚鼐:《复鲁絜非书》,载《中国历代文论选》,上海古籍出版社 1980 年版,第 510 页。

虽然姚鼐指出的是两种不同的文章风格,但阴阳刚柔不仅可以用于对文章风格的描述,亦可用于其他艺术门类,从书法、绘画,到建筑、戏曲,甚至可以用于分析纷繁的自然现象。因为在上述精彩的描述中,姚鼐首先以自然景观的差异来说明,如崇山峻崖对幽林曲涧,决大川对如沦如漾,杲日对初日,长风对清风;不仅自然景观,人文气象亦复如此,凭高视远、君朝万众对漻乎其如叹、邈乎其如有思。至于艺术世界,这样的对照更是常见。如果我们细读以下两首词,便可窥见阴柔之美与阳刚之美的差异所在。

声声慢　　李清照

寻寻觅觅,冷冷清清,凄凄惨惨戚戚。乍暖还寒时候,最难将息。三杯两盏淡酒,怎敌他晚来风急!雁过也,正伤心,却是旧时相识。　　满地黄花堆积,憔悴损,如今有谁堪摘。守着窗儿,独自怎生得黑!梧桐更兼细雨,到黄昏、点点滴滴。这次第,怎一个愁字了得!

念奴娇　　苏东坡

大江东去,浪淘尽千古风流人物。故垒西边,人道是三国周郎赤壁。乱石穿空,惊涛拍岸,卷起千堆雪。江山如画,一时多少豪杰。　　遥想公瑾当年,小乔初嫁了,雄姿英发。羽扇纶巾,谈笑间,樯橹灰飞烟灭。故国神游,多情应笑我,早生华发。人生如梦,一樽还酹江月。

李词清新婉约，表达了诗人在山河破碎、漂泊流离中的愁苦情绪。从“寻寻觅觅”的凄凉孤寂，到“冷冷清清”的周遭环境，再到“凄凄惨惨戚戚”的内心体验，诗中所选意象多有伤感凄楚意味，乍暖还寒，晚来风急，雁过伤心，满地黄花，所以愁绪伤怀的情感表露得淋漓尽致。反观苏词，情怀博大激昂，如后人所评价的那样：“词至东坡，倾荡磊落，如诗，如文，如天地奇观。”（刘辰翁）所选意象恢宏阔大，从大江东去，到惊涛拍岸，从千古风流人物，到一时多少豪杰。赤壁怀古，激荡着雄姿英发的博大情怀。阴柔与阳刚之美，从两首词的对比中窥见一斑。

在中国古代诗歌美学中，有大量关于风格的范畴，这些范畴有不少可以用来描述阴柔与阳刚之美的特征。就拿唐代司空图的《诗品》来说，可以找到许多极其生动的比喻描述来分别说明阴柔与阳刚之美。比如，“纤秾”“典雅”等风格，较为接近阴柔之美；而“雄浑”“劲健”“豪放”等风格，趋近于阳刚之美。司空图是这样描绘这些风格的特征的，如“纤秾”的特征是：“采采流水，蓬蓬远春。窈窕深谷，时见美人。碧桃满树，风日水滨。柳阴路曲，流莺比邻。”“典雅”的风格特征是：“白云初晴，幽鸟相逐。眠琴绿荫，上有飞瀑。落花无言，人如淡菊。”这些形态比较接近阴柔之美的特性。而与阳刚之美相似的风格则有如下描述。“雄浑”的特征是：“返虚入浑，积健为雄。具备万物，横绝太空。荒荒油云，寥寥长风。”“劲健”的特性是：“行神如空，行气如虹。巫峡千寻，走云连风。”“豪放”的面貌是：“观花匪禁，吞吐大荒。由道返气，处得以狂。天风浪浪，海山苍苍。真力弥满,万象在旁。”这些描述很是形象,但不免有点玄虚。或许我们可以用较为明细的语言来规定阴柔与阳刚之美的属性。

阴柔之美可以用几个关键词来表述:首先是偏向于宁静或静态,恰如西方美学上把优美视为宁静一样。其次是柔美宜人,含蓄委婉。最后是格局小巧,景物意象皆如此。阳刚之美似乎有一些相对的特征。首先是富有动感和张力,体现出急剧的变动。其次,大都粗犷有力,富有震撼力。最后,所选意象大多宏大开阔,非同凡俗。

在比较的意义上说,中国美学的阴柔与阳刚之美,与西方美学的优美与崇高有类似或共通之处,但我们必须强调,这些范畴是基于不同的文化背景下孕育而生的,有着许多根本的差异。西方的优美与崇高源于希腊和希伯来的理性,亦与日神—酒神精神有关;而中国的阴柔阳刚之美,则源于中国古代哲学的阴阳学说。“立天之道曰阴与阳,立地之道曰柔与刚。”(刘熙载)

关键词:

希腊精神　希伯来精神　美　崇高　阴柔之美　阳刚之美

延伸阅读书目:

1. 温克尔曼:《关于在绘画和雕刻中模仿希腊作品的一些意见》,载温克尔曼:《希腊人的艺术》,广西师范大学出版社 2001 年版。

2. 康德:《论优美感和崇高感》,商务印书馆 2001 年版。

风景四

杜尚的质疑

今天,不言自明的是,一切有关艺术的事都不再是不言自明的了,更有甚者,不再是不思自明的了。有关艺术的一切都变得成问题了:诸如艺术的内在生命,艺术与社会的关系,甚至艺术的存在权利。……不断增长的艺术事物与其说是满足于其新近获得的自由,不如说是陷入了新禁忌的旋涡。无论在哪里,艺术家都急切地为他们所做的事情寻找某种假定的根基。这种落入新秩序的做法不管多脆弱,都是如下事实的反映,即艺术中的绝对自由——此乃艺术的特点——是和社会整体的永久的限制相矛盾的。这正是艺术在社会中的地位和功能变得不再确定的原因所在。换言之,在脱离其早期的膜拜功能和其他衍生功能之后，艺术所获得的自主性有赖于人性的观念。随着社会越来越不人性，艺术遂变得越来越缺乏自主性。这些充满了人性理想的艺术构成要素已经失去了自己的力量。

——阿多诺:《美学理论》

前几章我们对中西古典美学作了一番匆匆巡礼,观赏了中西古典美学的历史景象。美学并不是一成不变的知识系统,随着现代性和后现代性的相继出现,艺术也从现代主义进入了后现代主义。作为**艺术哲学**的美学,也从其古典美学形态转向了现代美学乃至后现代美学。有人说,在现代,美学出现了三个显著的转向:转向艺术,转向人的独创性,转向人类境况。

现代美学为何转向艺术?原因是多样的,其中一个重要原因也许是艺术在现代时期不断创新和发展,颠覆了古典美学的规则,挑战了古典美学观念,向美学提出一系列亟须解决的难题,需要解决。一个突出的挑战是对美的质疑,在许多新的艺术实践面前,美的范畴失去了曾经有过的至高无上地位。所以,美学需要调整,需要回应现代艺术所提出的诸多新问题。因此,转向艺术成为现代美学的必然选择,现代美学在某种程度上就是艺术哲学。当然,转向艺术并不是孤立的取向,而是与人的创造性和生存境况密切相关。

现在,就让我们推开现代艺术和美学这扇窗户,去审视另一番新的风景吧!

《喷泉》的诘难

世界之大,无奇不有。历史久远,变化多端。从传统社会到现代社会,一系列新的社会文化新现实层出不穷地涌现出来。正像19世纪马克思在《共产党宣言》中所预言的那样:"一切坚固的东西都烟消云散了。"[①]社会文化的现代性发展也导致了艺术的激变,新艺术、先锋派、现代主义作为这一时期最激进的艺术应运而生。诗人和艺术家们敏锐地感悟到这一变化,法国诗人波德莱尔说得很精彩:"伟大的传统业已消失,而新的传统尚未形成。""现代性就是过渡、短暂、偶然,就是艺术的一半,另一半是永恒和不变。"[②]或许我们可以这样来理解波德莱尔的论断,现代性就是过渡、短暂、偶然,而古典性则是永恒和不变。传统艺术倾向于艺术那永恒和不变的一半,而现代艺术则直接奔向过渡、短暂和偶然那另一半。传统的稳定性与现代的急剧变动性形成了鲜明的对照,"新传统"所以尚未形成,乃是由于它一直处于过渡、短暂和偶然的进程中。

1917年,纽约正在酝酿一个大型独立艺术展,人们期待着给日

---

① 《马克思恩格斯选集》第1卷,人民出版社1972年版,第254页。
② 《波德莱尔美学论文选》,人民文学出版社1987年版,第299、485页。

益僵化的美国艺术界注入新的活力。法国艺术家杜尚在展出一周前,在第五大街的一家器皿店里购得一件陶瓷的小便池,带回工作室后,他在这个器具的底部签上了落款的一行字:"R. 莫特先生,1917"。在艺术展开幕前两天派人送到了这次展览会上。

这件被题为"喷泉"的作品,遂成为艺术史上的一个著名事件。据记载,当这件作品送达展览会组委会后,杜尚的挚友沃尔特和接受展品的组委会工作人员贝罗斯之间有一场激烈的争论:

"我们不能展览它。"贝罗斯激动地说,并掏出手帕擦他的前额。

"我们不能拒绝展出它,入场费已经全付了。"沃尔特温和地说。

"这东西太下流了。"贝罗嘶喊道。

"这决定于用什么观点来看它。"沃尔特边说边挤出一丝鬼脸相。

"肯定是什么人将它当作一个笑话送来,上面签着莫特两字,我觉得听起来很可疑。"贝罗斯讨厌地嘟哝着。沃尔特接近这件东西,并用手触摸它光滑的表面。带着一副哈佛教授式的尊严,他解释道:"一个多么可爱的形式,不受其功能的束缚。因此人们一定赋予了它以美学价值。"

贝罗斯站起来了一些,他更愤怒了,似乎要将这个东西摔碎,"我们就是不能展览它,我只能说这些。"

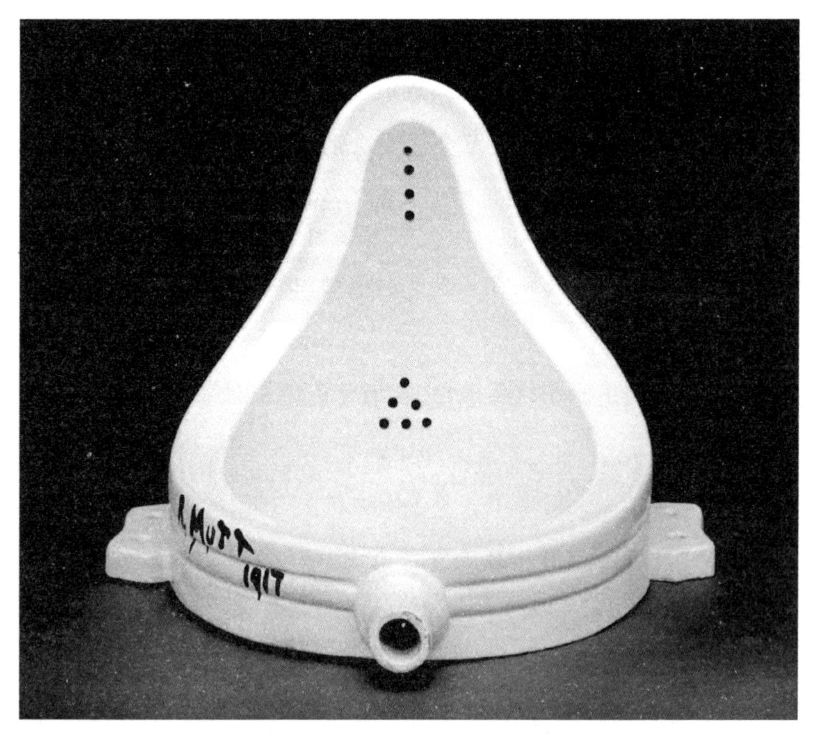

图 26　杜尚《喷泉》

> 沃尔特轻轻地触动了一下他的胳膊,"这正是关于所有的展览的,这是一个棋,艺术家可以展出他所选择的任何东西,只是让艺术家而不是别的什么人来制定什么是艺术。"①

尽管这件"作品"最终未被展出,两人之间的争论也早已结束,但这件被称之为"现成物"(ready-made)的"作品",后来却成为艺术界持续论辩的主题。这一辩论对现代美学来说,具有振聋发聩的作用,因为它彻底颠覆了古典美学的观念。不久,一家杂志刊登了关于这一事件的讨论,一篇显然反映了杜尚想法的社论是这样论说的:

> **关于理查德莫特案**
>
> 他们说任何艺术家只要付6美元就可以展出。理查德·莫特先生送来一个《喷泉》,没有经过任何讨论,这件作品就消失了,而且没有被展出。
>
> 为什么要拒绝莫特先生的《喷泉》呢?
>
> 第一,有些人认为它是不道德,粗鄙。
>
> 第二,另一些人认为是抄袭,原本就是一个便池。
>
> **莫特先生的《喷泉》没有什么不道德的,那很荒唐,正如说浴缸是不道德一样。这是一件你每天在生活用品商店橱窗里**

---

① 托姆金斯:《达达怪才:马塞尔·杜尚》,上海人民美术出版社2000年版,第153—154页。

都能见到的东西。

> 是否由莫特先生亲自制作这件《喷泉》并不重要。他选择了它。他从日常生活用品中挑出来。在一个新的题目下,从一个新的观点看来,它原有的功能消失了,但为它创造了一个新的意义。①

在这个看似可笑的“事件”后面,其实隐藏了许多值得深究的美学问题。作为读者的你尽可以去提出自己的问题,并思索其中可能的答案。诚然,关于杜尚为何选择这么一件物品来充当艺术品并要求展出的原因,可谓仁者见仁,智者见智。但它的确打破了我们关于艺术的常识和成见,把何为艺术品的问题尖锐地凸现出来。也许你可以想象,如果杜尚不是选择这么一件令人尴尬和难堪的器具,而是选择一把椅子或一件装饰品,说不定艺术展的组织者会接纳。但问题恰恰在于,他所送展的这个看似与艺术毫无关联的现成物,把传统的美学观念逼得无路可走了。拒绝这一行为本身就表明两种不同的美学观念之间的冲突,它们难以调和。

这里,我们可以提出一系列与此有关的问题。首先,为什么这届独立艺术展不接受这件“作品”?组织者(杜尚也是展出负责人,所以他化名“莫特”)是依据什么来接纳或拒斥展品?其次,谁是艺术品的权威判官?是艺术家还是艺术批评家或策展人?他们之间

① 托姆金斯:《达达怪才:马塞尔·杜尚》,上海人民美术出版社2000年版,第156—157页。

有无共同的原则和标准？再次，一件物品是否可以既是艺术品又是实用物？“现成物”和艺术品有区别吗？是否可以说，一件物品是否属于艺术品，有赖于我们如何看待它？最后，这个“事件”还提示我们，存在着普遍的、亘古不变的关于艺术的标准吗？

真可谓《喷泉》一石激起千层浪！

那么，杜尚这么做的真实用心究竟何在？他自己对这一“作品”的解释颇有些启发性。他坦承，自己最初的想法就是“找一件从任何审美角度来说都没有吸引力的东西”，由此突出“关键的因素是差异”这一想法。也许，杜尚的潜在意念是要抗拒业已习惯并被认为理所当然的关于艺术的种种常识看法，质疑这些常识看法的合理性。所以，他一定要选用和艺术品完全无关的东西，以此来使人们发现“差异”，进而质疑现有的艺术观念。他说：“你可以利用现成品的观点而变为一个艺术家，一个有品位的艺术家，你可以选择很多很多。这使我想到了艺术会是一种习惯性毒品，这就是艺术，它对艺术家和收藏家都成立。”[①]也许，杜尚的真实动机就是利用一个与艺术品有极大差异的现成物，来震撼已成为“习惯性毒品”的古典美学的艺术观念，进而使我们注意到什么是艺术这一观念本身就是不断变化的。这种变化就体现在我们如何看待艺术品，或者说，我们把什么当作艺术品。这么来看，也就不存在“永恒和不

① 托姆金斯：《达达怪才：马塞·尔杜尚》，上海人民美术出版社2000年版，第348页。

变”的关于艺术的观念了。

颠覆传统

杜尚的挑战真有点当头棒喝的效果。无论你怎样看待《喷泉》,有一点是可以肯定的,那就是它的确粉碎了我们关于艺术和艺术品的诸多习惯性看法,逼迫我们重新思考这个看似简单实则复杂的难题。柏拉图曾断言:“美是难的!”这个判断对古典美学来说是真确的;而对现代艺术哲学来说,我们完全可以把这个说法加以改造,移植到艺术(品)问题上来,即是说:“艺术(品)是难的!”

确实,面对急速发展变动的艺术界,如何界定艺术的确已成为一个难题。古典美学长期确立起来的艺术观念已经不再有效,至少是不那么确定了,尤其是在新艺术、先锋派和现代主义艺术风起云涌的时代。如果以古典的艺术观来看待杜尚的《喷泉》,显然对此加以排斥。因为在古典美学的词典里,不可能有“现成物”一类的词条。美学家费舍尔指出:“杜尚因此而瓦解了许多构成视觉艺术的最基本的假定:1) 艺术是手工制作的;2) 艺术是独特的;3) 艺术应该看上去是美观的或美的;4) 艺术应该表现某种观点;5) 艺术应该需要技巧或技术。”[①]的确,这五个方面的关于艺术品的假设在

---

① John A. Fisher, *Reflecting on Art*, Mountain View: Mayfield, 1993, p.121.

《喷泉》的震撼面前都土崩瓦解了,什么是艺术(品)? 这是一个问题! 就让我们顺着费舍尔的思路来思考这个难题。

首先,艺术从来就被看作是一种手工劳作,它与机械化流水线的成批生产的工业品截然不同。从原始艺术到古典艺术,再到现代艺术,手工的工艺性乃是艺术的特性之一。即使是先锋艺术,无论是绘画,或是雕塑,莫不如此。马蒂斯也好,毕加索也好,蒙德里安也好,他们再激进的艺术创作,无论与现有绘画距离多远,内容如何前卫,但都无法离开手工性。但是,杜尚选用的"现成物",完全是一件成批生产的工业制品,决非手工劳作的产物。如果这样的事物也可称之为艺术品,那么,还有什么不是艺术品呢? 实际上,在我们的日常生活中,已经有越来越多的工业复制品被我们当作艺术品加以欣赏了,比如摄影,就是一种典型的工业复制品;再比如,电影、电视、音乐录音带等等。挂在家里墙上的一幅凡·高《向日葵》的印刷复制品,或是莫奈的《睡莲》的印刷复制品,同样可以作为我们欣赏的对象。但与《喷泉》相比,一个最大的不同似乎还不在它是否属于手工性的工业复制品,而是它的内容。因为《向日葵》和《睡莲》虽然经过复制,但传统的艺术内容(以及艺术家手工表现的画面)仍保留在复制品里。反观《喷泉》,它压根儿就缺乏作为观赏对象的艺术内容。这就涉及下一个问题。

其次,因为艺术品是艺术家个人手工制作的,所以,艺术品的生产总是和特定的个体及其时空境况有特殊的联系。换言之,艺术品是独具个性和风采的,艺术家的个性以及他所属的文化已经融入了特定艺术表现之中。非洲原始雕塑是原始部族生活独特性的写照，唐诗宋词也是中国唐宋时期文人墨客情感生活的呈现。因此，传统艺术总是带有一种明显的独特性。这个问题在杜尚的《喷泉》“问世”20年后，由德国美学家本雅明从理论上加以阐明。本雅明认为，传统艺术与现代机械复制时代的艺术有根本的不同，那就是传统艺术具有一种特殊“韵味”，亦即艺术品生产的此时此地的独一无二性。比如《红楼梦》或《蒙娜丽莎》，都是特定时代的特定作家或艺术家的特殊视角中所呈现的特殊的世界，我们进入这个世界就是遭遇这种独一无二性。本雅明发现，随着机械复制时代的到来，这种独一无二的“韵味”弥散消失了，一件作品（照片、电影或CD唱盘）可以无穷复制，无限传播，它一方面打破了传统艺术品传播的时空局限，另一方面又使“韵味”无可挽回地消失了。因为在复制品和原作之间界线丧失的情况下，任何中心和权威都不复存在了。杜尚的《喷泉》就是一件机械复制品，我们可以在许多地方见到它，在公共卫生间里，在私人住宅的浴室里，在洁具商店里，它们一模一样没有区别。于是，传统艺术品所具有的特定时空中的特定风格的不可重复性荡然无存。传统艺术品所具有的那种膜拜和神圣的意味也随之消散了。

第三，艺术品应是美的，应有足以打动人的美的形式和外观，尤其是造型艺术品。而且，这种美的外观只是为了人们欣赏而存在的，没有其他目的。无论雕塑绘画或建筑，或工艺美术甚至民间工艺品，外观的形式美是必不可少的。在美学上，一个常见的看法是，

图 27　杜尚《L. H. O. Q. Q.》

审美对象是给人以愉悦的,这种愉悦首先来自审美对象悦人耳目的外观形式。就视觉艺术而言,这种视觉快感是必不可少的。美学上讨论的种种形式美原则,从"黄金分割率",到平衡、对称、对比、反衬、节奏等等,几乎都与外观的美相关。有人对杜尚的《喷泉》分析说,这件复制的工业品其实也有许多形式美的因素。杜尚的挚友沃尔特就把它描述为"一个多么可爱的形式","因此人们一定赋予了它以美学价值"。还有人写专著讨论这件"作品",简洁的造型,线条生动,像一个正在打坐的和尚。1964 年在意大利米兰,这件作品被复制了 13 件展出,后被人买下收藏,价格不菲。但问题是,如果人们想欣赏形式美,大可不必在"小便池"上寻找,而且比它优美的线条和造型随处可见。杜尚的本意是寻找从任何审美角度说都没有吸引力的东西。这就意味着,这件"作品"在杜尚看来,绝无一般艺术品的形式美因素。所以,它才对传统的艺术品的美的原则提出挑战。如果我们在其中看到了传统艺术品的形式美,这显然不符合杜尚的本意,否则他不会强调所谓"差异"了。因此,费舍尔认为杜尚的《喷泉》是对艺术品是美的观念的颠覆。他的一件更加极端的作品是《L. H. O. Q. Q. 》,完全是一幅对古典名作的戏仿,他临摹了达・芬奇名作《蒙娜丽莎》,并给蒙娜丽莎画上两撇山羊胡子,彻底颠覆了古典艺术的美。可以说,艺术品必须要符合美的原则这类观念在杜尚那里是不存在的,他要质疑的正是这类观念。纵观现代主义以来的艺术实践,美已不再是艺术的必要条件,非美、消极的美或否定的美,甚至丑和荒诞等,常常出现在艺术作品之中。也许我们可以推测,杜尚的用心乃是要我们在观看他的这件“作品”时,忘却传统艺术品“美”的外观,放弃作出任何“美的”判断。

第四,艺术品应该表达出艺术家的某种思想或意图,这是我们据以评判艺术品是否成功的一个要素。从欣赏者角度说,艺术品自然有某种意义,这种意义也许是艺术家的意图,也许是观众或读者从艺术品中发现的独特意味。对艺术家来说,他或她创造出某件艺术品,无论诗歌小说,抑或绘画雕塑,必是其所思所感的结果,因为他或她有某种想法或感悟需要表达。于是,艺术的形式和符号便和艺术家表现的意图密切相关。反观杜尚的《喷泉》,一件现成的工业品或日常生活器具,并不是他制作用来表达自己看法的,这样的器物司空见惯,本与杜尚毫无关系。于是,从中我们看不见传统艺术品中所表达的艺术家的特定思想和意图。不过,假如我们从另一个角度来看,也很难说这件“作品”没有表达什么“思想”。结合前面引述的杜尚关于这件“作品”的看法,实际上他所以选取这件现成物,而不是其他现成物,而且是用于这样一个特定的独立艺术展,本身就蕴含了某种看法。他是以此来质疑传统美学观中根深蒂固的关于艺术传达艺术家特定思想的看法。

最后,艺术乃是技艺的结晶,从传统的意义上说,艺术这个概念最初的含义就是指某种技能或技艺。由于传统艺术品总是手工制作的,总是凝聚了作者的个性和风格,也必然表现出某种技艺。恰如书法和绘画,任一艺术杰作都是艺术家技艺的卓越体现,无论王羲之或苏东坡的书法,抑或吴道子或倪云林的绘画,皆体现出高超的艺术技艺。由于选用了现成物和工业制品,在杜尚的“作品”中,有意消解了艺术家个人的艺术技艺。这就挑战了传统的艺术概念,促使人们去深入思索艺术和技艺的复杂。

由此可见,杜尚的颠覆是彻底的,其挑战是尖锐的。尽管这件“作品”没有在独立艺术展上展出,但它作为一个“事件”,其意义远远超出了艺术展本身。现在的问题不再是我们是否把《喷泉》视为艺术品,而是我们天经地义的关于艺术的种种观念,是否可以而且必须被反思和质疑。

显而易见,从杜尚《喷泉》的个案来看,何为艺术的问题的确成为现代美学的核心问题之一。它之所以引起美学家的兴趣和关注,一方面是来自艺术实践的挑战和疑问,使得古典美学关于艺术的观念变得可疑了。比如,1971 年美国著名的人文刊物杂志《地平线》刊载了一篇文章,其标题耐人寻味:《“非艺术”、“反艺术”、“非艺术的艺术”和“反艺术的艺术”都是无用的。如果某人说他的作品是艺术,那就是艺术。》。此话出自美国极简主义艺术家贾德,它典型地反映出(后)现代主义艺术家关于艺术的自由主义观念。另一方面,现代美学自身也对这一问题作出敏锐的回应,越来越多的美学家注意到,美的问题在美学中已经不再是中心问题,迫切要解决的不是一个形而上的美的本质问题,而是要对各种新的艺术实践所提出的新问题给予解答,特别是过去不被当作艺术的种种事物、装置和行为,现在都进入了艺术界,这就引发了热烈的讨论和争议。

何为艺术?

杜尚的挑战是针对古典美学观念的,显然,面对新的挑战,美学需要寻找新的理论框架和解释手段。于是,美学的重心从思考美转向艺术问题的解释便不可避免。“转向艺术”这个简短的说法,标志着美学的思考范围扩大了,视野更加开阔了。因为从艺术现代发展的实际情况来看,艺术并不只是追求表现美与崇高、和与妙等这样的古典范畴,现代艺术疆界的拓展打破了古典艺术的边界和原则,诸如丑、荒诞、极端体验、怪异、颓废、反讽、魔幻、神秘、梦幻、原始、怀旧、流行、时尚、复制等范畴,在艺术领域里都得到了不同的展现。

不仅艺术家创作的表现范围在现代大大拓展了,而且现代艺术的欣赏者也扩大了自己的审美趣味范围。他们不但能够欣赏古典的美,而且还能够欣赏更多的现代风格。歌德曾经说过,一个只能欣赏美的人是软弱的,而能欣赏崇高、悲剧、荒诞,甚至丑的人,才具有健全的审美趣味。这一说法揭示了主体审美趣味现代发展的必要性,艺术创作实践和艺术欣赏实践的拓展,也把美学思考带入一个更加广阔的天地。

从概念的角度来说,“艺术”这个概念在古典美学中被视作“美”的同义词。比如鲍姆加通在给美学命名时,就指出美学是“自由艺术的理论",它思考的是"美的思维的艺术"等,这些说法实际上是将艺术(自由艺术或美的艺术)看作是美的完善与体现。换言之,在古典美学理论体系中,艺术几近等于美。但是,现代艺术的发展打破了这个对等关系,越来越多非美的、与美无关的元素被引进艺术领域,美的至高无上地位被撼动被颠覆了,艺术与美脱节了。这就导致了艺术概念与美的概念之间的对等关系断裂,艺术的内涵大于美,或者说艺术包含但却不限于美。如此一来,对艺术的思考就超越了对美的思考,美学也就成为艺术哲学。

今天我们所理解的"艺术"这个概念,其实是历史发展和现代性的产物。艺术在不同的时代有过全然不同的含义,中国古代的"艺",并不是指今天的艺术,而是指技艺的意思。孔子说"游于艺",就是指古代的"六艺"——礼、乐、书、数、射、御。在西方,Arts这个概念最初也是指的技艺。比如,在古希腊,就是指木工、铁匠、外科手术等技艺。从中世纪到文艺复兴,所用的概念是"自由的艺术"(liberal arts)。"自由的"是指"自由的人",而"艺术"是指"技艺"。"自由的艺术"分为两类,一类是低级的艺术,包括文法、修辞和逻辑,另一类是高级的艺术,主要有算术、几何、天文和音乐。艺术的种种用法表明,作为一个范畴,实用的技艺与非实用的艺术尚未明确区分开来,那时艺术还是一个包含了诸多领域的整合概念。法国哲学家巴托 1746 年第一次提出了"美的艺术"(fine arts/beaux-arts)的概念。所谓"美的"这个界定,清楚地表明了它与实用的和机械的艺术有所差异。巴托认为,当时美的艺术主要有五种:绘画、音乐、诗歌、雕塑和舞蹈。这个给艺术的命名与鲍姆加通给美学命名一样重要,而且它们都发生在同一个时期——西方启蒙运动时期,所以说今天的艺术概念是现代性的产物。艺术从传统的技艺中分离出来,一方面说明艺术自身的逐渐独立,获得了自身存在的合法化;另一方面也表明,人们认识到艺术作为人类文化活动的一种独特形式,有别于其他人类活动,诸如政治、经济、社会、科技等活动。这说明在现代性条件下,艺术的发展逐渐区别于政治、经济、宗教和科学等人类活动,艺术与人类其他领域的这一分化又催生了古典美学向现代艺术哲学的转变。巴托的"美的艺术"命名,与鲍姆加通的美学命名,这两个"事件"发生在同一时期不是偶然的。这表明,一方面思想家们注意到美的艺术所具有的特殊性质有别于其他技艺或工艺,它环绕着美的核心,脱离了实用性的、装饰性的功能,专为审美静观而存在。另一方面,专事于思考这种艺术的学问本身的建构也被提上了议事日程,所以,需要一门鲍姆加通所说的"感性认识的科学"来研究"自由的艺术",鲍姆加通的所谓"自由的艺术",也即巴托的"美的艺术"。

从美学史的角度看,艺术概念的发展变化有几点值得注意。其一,艺术的概念本身就是历史的产物,不同的时代有不同的艺术观念,古希腊、中世纪、文艺复兴和现代的艺术概念的含义是有很大差距的。从这个角度看,杜尚《喷泉》的质疑有其合理的一面,它代表了一个艺术发展的一个新的时期对艺术的新的理解。其二,从艺术概念的历史来看,也有一个不断被提升拔高的过程。在古希腊罗马时期,艺术的概念主要是指由奴隶和下层人的手工艺劳作,是被贵族和上层社会所蔑视的劳动技能。到了文艺复兴时期,自由的艺术则与贵族关系密切,无论文法、修辞,抑或算术、音乐,都是贵族修养不可或缺的部分,也是提升人的心智的门径。18 世纪提出"美的艺术"之后,艺术的概念便进一步和诸如"天才""才能""创造"等概念关系密切了。比如,在浪漫主义以前,创造的概念是不被用于艺术家,艺术家所做的工作只是"制作"。浪漫主义把作为神的特权的创造力返还给艺术家,深刻地揭示了社会文化观念的激变。而艺术是创造,便需要天才和才能,这已不是一般普通人所具备了。由此来看,艺术观念的发展逐渐染上了"精英主义"色彩。但是杜尚以后,艺术和大众文化的融合,慢慢地又偏离了精英主义路线,而进入了商业化和大批量生产消费的阶段。其三,艺术概念的历史演变还呈现出一个逐步独立自足的发展趋势,这个过程亦可视为艺术逐渐孤立的过程。在传统社会,艺术与日常生活实践关系交错纠结,艺术是日常生活实践的一部分。随着现代美的艺术观念的形成,艺术渐渐脱离了现实的日常生活,转而成为无功利性的审美态度和判断的对象,遂也变得日益孤立了。在现代社会和文化中,说到艺术似乎只存在于电影院、音乐厅、剧院、图书馆、美术馆等场所,艺术的技艺传授在学院里被专业化了,一言以蔽之,艺术与日常生活脱节了。所以,杜尚的《喷泉》就带有令人棒喝的性质,因为他把日常生活的"现成物"直接转化为审美对象,这实际上也就提出如何弥合艺术与日常生活脱节的问题。

小资料:艺术

把诸如绘画、雕塑、建筑、音乐和诗歌这类活动看作是具有某种共同的本质,这种观念属于18世纪开始的某个特殊时期。自那以后,“美的艺术”变得逐渐和科学以及更加普通的技能训练分离开来了。尔后,在浪漫主义和现代主义时期,它进一步演变为单数的艺术概念。当代哲学家也继承了这一观念,不过他们不再能完全肯定艺术能做些什么。

问题是很难界定艺术。考虑一下最早的艺术定义:艺术即模仿,或艺术是世界形象的再现。很长时间里,绘画和文学可以统一在艺术门下,然而,如果艺术也包括音乐和建筑,以及20世纪的抽象视觉形式,这个定义就成问题了。于是,基于拒绝把艺术再现作为艺术的显著特征,20世纪早期出现了两个著名的艺术定义:艺术是有意味的形式和艺术是情绪的表现。这两个定义都不再重视艺术作品与现实的关系,转而热衷于艺术对象本身的审美特质,或是作品与其创作者心灵之间的关系。以艺术对象为中心或以艺术家为中心的定义通常被用来区别什么是“合适的”艺术,什么不是,这些观念有助于解释艺术的诸多不断发展的形式价值。但是,这两种界定只是一个完整定义的一个方面。

——《牛津哲学指南》,牛津大学出版社1995年版

那么,从现代美学的视野来透视,究竟该如何看待艺术呢?

美学上对艺术的讨论，首先遇到的问题是，艺术这个概念作为种概念，其实还包括一些属概念。艺术是一个总体性的范畴，在艺术这个总范畴下尚包含一些具体的艺术相关概念，比如艺术品、艺术家、欣赏者等。在这方面，美国学者艾布拉姆斯提出了一个艺术四要素理论，系统地说明了艺术这一总体概念中各相关概念及其关系。他认为，艺术这个方程实际上包含了四个基本要素：**世界**、**作品**、**艺术家**和**欣赏者**。他用图表来加以说明：

在这个图表中，艺术所包含的四个基本要素，它们之间构成了特定的关联，艾布拉姆斯具体陈述如下：

> 每一件艺术品总要涉及四个要素，几乎所有力求周密的理论总会在大体上对这四个要素加以区辨，使人一目了然。第一个要素是作品，即艺术产品本身。由于作品是人为的产品，所以第二个共同要素便是生产者，即艺术家。第三，一般认为作品总得有一个直接或间接地导源于现实事物的主题——总会涉及、表现、反映某种客观状态或者与此有关的东西。这第三个要素便可以认为是由人物和行动、思想和情感、物质和事件或者超越感觉的本质所构成，常常用“自然”这个通用的词来

表示，我们却不妨换成一个含义更广的中性词——世界。最后一个要素是欣赏者，即听众、观众、读者。作品为他们而写，或至少会引起他们的关注。[①]

尽管艾布拉姆斯是从艺术品这个概念出发来规定艺术四要素的，但我们可以把这个模式视为对艺术这个总概念的描述。换言之，艺术的四要素较为完备地囊括了艺术的主要内容。也就是说，当我们指称艺术这个概念时，实际上是指涉这四个要素。举例来说，比如曹雪芹的《红楼梦》，作为一个艺术的现象，它包含了以上四个基本层面。曹雪芹作为作品的创造者，属于艺术家范畴；他呕心沥血写就的《红楼梦》是艺术品；作品涉及清代一个衰落的贵族大家族的历史，其中必然包含了当时各种人文地理和日常生活现实，从服饰、建筑、膳食，到人物关系和故事线索等，以及作品所反映的"世界"；而不论是作者同时代的读者，抑或是你我这些当代人，作为《红楼梦》的读者，就是作品的欣赏者和接受者。显然，艺术活动如果离开了这四个要素中的任何一个，都将是不完整的，也是成问题的。

在艾布拉姆斯看来，四要素及其结构图形，实际上揭示了各要素的相关性，同时，也标示了一个重要的美学史现象。"尽管任何像样的理论多少都考虑到所有这四个要素，然而我们将看到，几乎所

---

① 艾布拉姆斯：《镜与灯》，北京大学出版社 1989 年版，第 5 页。

有的理论都只明显地倾向于一个要素。就是说，批评家往往只是根据其中的一个要素，就生发出他用来界定、划分和剖析艺术作品的主要范畴，生发出藉以评判作品价值的主要标准。"[①]换言之，美学上出现的种种不同的关于艺术的理论，实际上各有偏重和强调。模仿论关心作品反映世界的关系，修辞论关心作品如何打动读者，表现论集中在作品如何传达艺术家的情感，而客体论则只关注艺术品本身的形式等等。不同理论所构成的起承转合过程，就是西方美学思想的历史。

由此我们可以说，艺术实际上是一个"概念家族"，它包括以艺术品为中心的现实世界、艺术家和欣赏者四个基本范畴。而对不同范畴或要素关系的强调，又构成了不同的美学理论。

在这个四要素关系的图表中，一个值得关注的事实是，艺术品被置于中心位置，其他三要素都是通过艺术品关联起来的。艺术品在这个结构关系中的核心位置，实际上也是它在美学理论中地位的真实反映。从四要素的结构关系来看，艺术家所以为艺术家，是因为他创作的是艺术品，而不是其他什么产品，所以区别于工程师、科学家、政治家和商人等。艺术品的性质决定了艺术家所从事的劳作的特殊性。因此，艺术家的特性是由艺术品的性质来规定的。同理，欣赏者也是相对于艺术品才存在的。没有艺术品，欣赏者便不复存在。审美主体（欣赏者）和审美对象（艺术品）是一个相对的概

① 艾布拉姆斯：《镜与灯》，北京大学出版社 1989 年版，第 6 页。

念，当一个人在观赏绘画作品、电影或戏剧时，当他沉浸在小说所营造的想象世界或音乐所表现的音乐王国时，他和所观照的对象是同在的。或者更准确地说，他的欣赏者地位是有赖于所欣赏的对象而存在的。一旦艺术品消失了，一旦他不再处于一个观赏审美对象的情境，那么，他的审美主体角色也就随之消失了。另外，艺术和世界产生关联，也是通过艺术品这个中介环节实现的。一方面，我们的生活世界及其种种可能性，通过艺术家的种种想象和创意，被这样或那样地凝缩在艺术作品之中。另一方面，艺术要和现实世界发生关联，作用于社会，也是通过艺术品这一环节完成的。这在美学上被表述为所谓艺术的社会功能。从艺术家和现实的关系上说，他必须观察现实，将特定社会文化现象及其观念凝聚在艺术品之中。于是，艺术品成为社会的一面镜子，或一段历史的备忘录，或生活的教科书等。从欣赏者的角度说，当欣赏者进入艺术品所营造的想象世界，也就在自觉或不自觉中接受、认可或质疑了他所面对的艺术世界及其观念，因而与特定的社会文化发生了精神上的关联。艺术也正因为这样可以再生产出特定社会的文化及其意识形态。从艺术生产（创作）的角度看，艺术的四要素流程关系是：

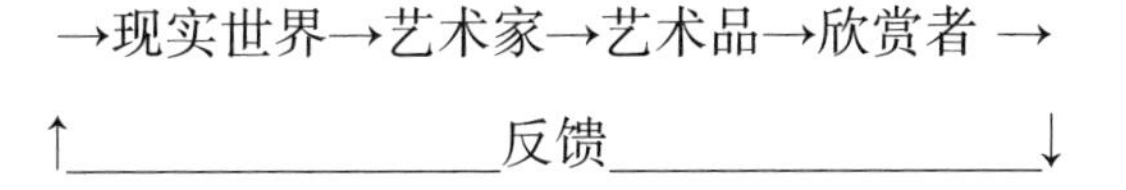

这个过程表明，一切艺术创造活动起源于特定的社会文化的现实生活，艺术家对它进行观察体验，形成了具体的题材或主题，然后

经过艺术家的内心构思并诉诸表达,艺术品便由此诞生,它物化了艺术家的内心体验和思想。一旦艺术品出现,它便对欣赏者有一种内在的诉求或召唤,换言之,艺术品本身是一个物,但它却不同于其他物,因为艺术品蕴含了艺术家的创作意图和情感体验,所以它是一个有灵性和精神的对象,召唤着欣赏者的意向性介入。只有当欣赏者面对艺术品产生了特定的思想和情感的交流时,艺术的过程才能完成。而欣赏过程中,欣赏者被作品所感染,潜移默化中接受或质疑或拒斥了作品的观念,最终又通过欣赏者的主体性建构来作用于他的生活世界。

但是,如果从欣赏者的角度看,艺术的流程与上述过程似乎又颠倒过来了,它呈现为相反的过程:

→欣赏者→艺术品→艺术家→现实世界→

↑________________反馈________________↓

这个过程表明,欣赏者是通过对具体艺术品的解读和观照,进而把握到艺术品独特的意蕴和意义,进而深入到艺术家的内在精神世界,最终进入作为艺术创造源泉的现实世界。艺术品显然是这一系列递进过程的核心环节。

所以,对艺术的美学考察,还必须深入到艺术品中去。把握了艺术品这个核心,也就抓住了美学思考的关键。

何为艺术品?

现在,我们再次回到了杜尚的《喷泉》。从某种角度看,这件所谓的"作品"实际上提出了什么是艺术品的难题。

从常识角度说,艺术品是什么好像并不是一个问题。艺术品就是艺术品,它就在美术馆、电影院、剧院、书店或音乐厅里。所谓艺术品,不就是那些我们称为绘画、雕塑、电影、戏剧、小说、诗歌或音乐的事物吗?其实,这个问题并不那么简单。

一旦我们进入何为艺术品的思考,一旦我们面对纷繁复杂的艺术现象,答案就会扑朔迷离起来,我们头脑中那个看似不言自明的艺术品的观念遂也变得可疑了,就像杜尚的《喷泉》所质疑的种种问题一样。

首先,一件自然物(一块石头,一片树叶)是不是艺术品?我们所处的现实世界中,自然物随处可见。按照我们的传统观念,艺术品是艺术家人工创造的,是经由艺术家的构思并制作完成的。一个自然物显然难以归入艺术品的行列。但是,假如你把一片形状奇特的树叶,或一块嶙峋多变的石头放在美术馆或家里,和朋友们一起欣赏,或自己独自把玩。这个被我们观照的对象可以称之为艺术品吗?如果不是艺术品,那么我们为何观赏它并从中获得某种审美愉悦呢?为何在荒山郊野中的自然物你并不在意它是不是艺术品,而把这些自然物放在一个特定的欣赏环境中,就有可能称之为欣赏对象,进而把它等同于艺术品。一种可能的解释是,我们在这些自然物中赋予了某种意义或意味。所以,一组树根,一块奇石,便有可能作为艺术品来加以观赏。产于南京的雨花石便是一例。处在荒郊野外中的雨花石,深埋在地下,与艺术品毫无关系。然而,一旦被挖掘出来,经慧眼发现和命名,便赋予它某种独特的意蕴。一块平常的石头仿佛从平常中凸显出来,吸引了我们的注意力,给我们以审美的愉悦。这里有一个重要的转变,石头还是那块石头,可它经过了慧眼的发现,并被赋予某种想象的意义,在一个特定的欣赏背景中,我们看待它的观念变化了。更明显的例子是中国园林艺术中的盆景,经过园艺师的精心加工,原本在自然中平平常常的树木,便显出别样姿态,艺术的造型生动活泼,便成了我们的审美对象。由此,我们可以得出一个合理的结论:艺术品是经过人的加工或被赋予特定意义的特定物品。说到这里,需要补充一点,一块未经任何加工的雨花石和经过人工雕琢修整的盆景是有所不同的,前者毫无人工的介入,只是慧眼发现并捡回而已,后者则是包含了园艺师的人为加工。所以从汉字"蓺"的本义——"种也"(孟子说"树蓺五谷")——来看,盆景更切合"蓺"的本义,雨花石则相距甚远。更进一步,引发审美主体审美愉悦的审美对象就一定是艺术品吗?大自然也是我们的审美对象却不是艺术品,这表明审美对象和艺术品是有所不同的。艺术品是审美对象,但审美对象可以是也可以不是艺术品。

图 28　雨花石

由上述结论,我们又引申出新的问题。假使说一件纯粹的自然物不能称为艺术品,那么,这就意味着,凡艺术品总和人的加工制作有关。这就把纯粹的自然物排除在艺术品之外,艺术品乃人为加工的产品。新的问题接踵而至,是否一切人为加工制作的东西都是艺术品呢?一把椅子,一件衣服,一只茶杯,是不是艺术品呢?为什么我们把挂在画廊里的绘画作品称为艺术品,而很少把家里日用的锅碗瓢盆说成艺术品?为什么我们把一本叙述了某个虚构故事的文字作品说成是艺术品(小说),而不把科学教材或新闻报道叫作艺术品?看来这区别表明,我们称之为艺术品的事物有某种共同的或相似的属性使我们作出这样的判断。这共同的属性又是什么呢?

在美学中,艺术品和非艺术品的一个重要分界在于,前者是专供人审美欣赏而存在的,没有任何实用功能,用比较专门的美学术语来说,就是康德所说的审美的"无功利性"。所谓无功利性,即指

图 29　西周《小克鼎》

一件物品没有任何实用功能而只作为欣赏对象而存在。与此相对，实用的物品，无论是一把锤子，抑或一件衣服，它们都有具体的实用功能，比如锤子可用于敲击物体，衣服可用于御寒或社交目的。因此，这些实用物品本质上是功利性的。正因为两者之间的这个区别，所以，我们总是对艺术品作出“美”或“不美”的判断，而对使用物品则常常作出“有用”或“无用”的判断。尽管这样的区分有一定道理，可是在具体的情境中，尤其是面对复杂的对象时，我们很难加以区分。比如，绘画作品很难说有什么实用功能，它既不能用于敲击物体，也不能用于御寒，其唯一的功能就是被人所欣赏。但是，还有许多物品既是实用对象，也是审美对象，建筑就是一个明显的例子。建筑一方面具有明确的实用功能，是人的居所，要符合人体工程学的要求，供人居住安息，需要特定的采光、取暖、空间区域分隔等等。不过，建筑的实用功能并不影响我们把它作为审美欣赏的对象。紫禁城首先是皇宫，但它同时也是中国古典建筑艺术的典范；帕台农神庙是古希腊雅典城的一个重要祭祀场所，但我们同样可以把它当作西方建筑风格典范和理想艺术品来加以欣赏。于是，有的美学家修正说，实用物品同样可以成为艺术品。但是当它作为艺术品被欣赏者观赏时，人们看到的不再是它的实用功能或有用性，而是它的审美特性。比如希腊古瓷瓶，它本来有盛水或酒的实用功能，或是中国古代的鼎等礼器，也有其祭祀和膜拜功能。然而，当它作为艺术品呈现在我们面前时，我们观赏的是其优美的造型、和谐的色彩、独特的人像等等。

正是在这里,我们的思考再次转向了杜尚的《喷泉》。也许,这件“作品”是有意要打破实用的人工制品和作为审美对象的艺术品之间人为的划分,拓宽我们审美欣赏对象的范围,让实用的人造物在特定条件下转变为审美静观的对象。诚如他所说的那样:“(现成物)选择了你。假如你的选择涉及一个现成物,那么,就会涉及趣味——糟糕的趣味、良好的趣味、无功利的趣味等。趣味乃艺术的大敌。”[①]杜尚在这里要表达的意思是,传统的划分艺术高下优劣的那些趣味标准在其“现成物”中已不复存在。因为是“现成物”选择了杜尚,而不是相反。于是,一个实用的物品与纯粹用于审美观赏的对象之间的区分也就消解了。

至此,我们可以得出第二个结论:艺术品是人造物,它包括无功利性的审美对象,也包括兼具审美和实用功能的物品。一件人工制品是否成为艺术品,取决于我们在什么场合以及对它采取什么态度(审美的还是实用的)。在得出这个结论的同时,我们还得补充说,是艺术品和艺术品的高下是两种不同的判断。杜尚的《喷泉》在特定条件下可以成为我们观赏的对象,这并不意味着它是一件有很高艺术价值的艺术品。诚如迪基所指出的:“杜尚的‘现成物’作为艺术品价值并不高,但是作为艺术的范例,它们对艺术的理论却极有价值。”[②]

---

① 引自 John A. Fisher, *Reflecting on Art*, Mountain View: Mayfield, 1993, p. 120。

② 迪基:《何为艺术?》,载李普曼编:《当代美学》,光明日报出版社 1986 年版,第 109 页。

接下来的问题是,作为欣赏者,我们是如何把一件人造物或经过人工干预的自然物视为艺术品的呢?换言之,我们是依据什么原则授予一件物品艺术品的资格呢?一件非洲原始雕塑或一副贵州少数民族傩戏的原始面具,原本是作为原始宗教仪式或崇拜物而存在的,现在放在美术馆里展出,我们细细地品味着这些“作品”独特的造型和色彩,它们成了作为审美对象的艺术品。难道是作为欣赏者的我们赋予一件人造物以艺术品的资格和地位?这个问题涉及更加复杂的艺术品的社会体制问题。

显然,一个原始面具被置于美术馆供人观赏,这不但是因为有人去看而赋予面具以艺术品的资格,而且在具体的欣赏者前往美术馆之前,它已经从许许多多相似或相近的物品中被挑选出来作为艺术品加以陈列了。看来,使一件物品从实用的或非审美的对象中脱颖而出的不是某一个人,而是一种制度性的活动。举杜尚的例子,即使他再富有创造性,他把小便池送去作为美术作品展出,如果没有人理会他的用心,也没有人从中看到这件物品对传统艺术品观念的挑战,那么,这件物品便会从人们的艺术品列表中一笔勾销。虽然最初这件物品被展览会拒绝了,但后来却被艺术界所接纳,这本身就表明,赋予一件物品以艺术品资格的乃是艺术界或艺术共同体的机能。

艺术界(artworld)这个概念最初是由美国哲学家丹托提出的,他认为:“将某物视作艺术需要某种眼睛看不见的东西——一种艺术理论的氛围,一种艺术史的知识,亦即艺术界。"[1]丹托的说法看似简单,却揭开了艺术及其历史的隐秘事实,那就是艺术或艺术品的成功运作,都需要有某种理论的证明和解释,就像政治统治的成功运作需要有政治理论的合法化论证,法律制度的成功运行需要有法律理论的合法化论证,经济改革的成功运作需要有经济理论的合法化论证一样。美学的功能是对艺术作品及其活动意义的阐发,艺术品作为一种意义的载体,它只有在具体的交往情境中向受众传递出特定意义才具有存在的价值。而这种意义的阐发就有赖于艺术界—— 一种艺术理论的氛围或一种艺术史的知识。后来丹托又进一步完善了他的说法,更加精确地把这种"艺术理论界的氛围"界定为关于艺术"诸种理由的话语"(the discourse of reasons)。[2]艺术界的理论发展成为一种艺术体制论,它被更加具体地指建构艺术活动的诸多体制或多种角色参与的互动合作,正是这些体制和行动者的互动合作使艺术和艺术品得以存在,用美学家迪基的话来说:

> 艺术界是若干系统的集合,它包括戏剧、绘画、雕塑、文学、音乐等等。每一个系统都形成一种制度环境,赋予物品艺术地

---

① Arthur Danto, "The Art World," in Carolyn Kormeyer, ed., *Aaesthetics*: *The Big Question* (Oxford: Blackwell, 1998), 40.

② 丹托写道:"艺术品是符号性表达,在这种符号表达中它们体现了其意义。批评的意义是辨识意义并解释意义的呈现方式。照此说法,批评就是某种有关理由的话语,它参与了对艺术体制理论的艺术界的界定:把某物看成艺术也就是准备好按照它表达什么及它如何表达来解释它。" Arthur Danto, *Beyond the Brillo Box* (Berkeley: University of California Press, 1992), p.41.

图 30　非洲原始面具

> 位的活动就在其中进行。可以包括在艺术的总概念名下的系统不可胜数,每一主要系统又包括一些次属系统。
>
> 艺术界的中坚力量是一批组织松散却又互相联系的人,这批人包括艺术家(亦即画家、作家、作曲家之类)、报纸记者、各种刊物上的批评家、艺术史学家、文艺理论家、美学家等等。就是这些人,使艺术界的机器不停运转,并得以继续生存。此外,任何自视为艺术界一员的人也是这里的公民。[①]

依据迪基的看法,正是艺术界将某个物品授予艺术品的资格。所以他说,艺术品的定义有两个含义:1. 人工制品;2. 代表某种社会制度(即艺术界)的一个人或一些人授予它具有欣赏对象资格的地位。[②]这就是说,一定的社会文化通过其艺术的制度化程序,授予特定的人造物以艺术品的资格,于是,这样的作品便被当作艺术品来加以认定和欣赏了。

这种说法可以用科学活动来加以类比说明。一种理论如何被科学界(或科学共同体)所承认,即是说,一种哪怕是开始被当作"异端邪说"的理论,后来如何被科学界当作科学的理论加以接受的呢?科学哲学的一些发现有助于我们理解这个问题。科学哲学家库恩发现,科学理论总是以"范式"的方式存在和交流的,范式有

① 迪基:《何为艺术?》,载李普曼编:《当代美学》,光明日报出版社1986年版,第109、111页。

② 同上书,第110页。

两个意义:第一,范式代表了一组被某个共同体所共有的信仰、价值观、技术;第二,范式具有发展潜能,可以取代传统的规则。这里的一个关键因素是科学家共同体,它有三个层次,首先是一切自然科学家;其次是物理学家、化学家、天文学家、动物学家,他们构成了一些专业集团;第三个亚集团是更加专门的专业集团,诸如有机化学家、分子化学家等。[①]正是这样的科学家共同体使得科学理论得到确立、流传和发展。新的科学知识不断地导致科学共同体的范式变革,进而形成科学的革命。如果我们用这种视野来透视艺术界,情况很相近。比如在艺术家共同体内,首先是一切艺术家和艺术爱好者或理论家等,其次是不同门类的艺术家,诸如作家、画家、音乐家、戏剧家等,再低一个层次是各门艺术之内的艺术家群体,如作家中的诗人和小说家,画家中的国画家或西洋画家等。当然,艺术界除了艺术家之外,还有其他诸多角色的存在,就像前引迪基的那段话所表明的那样。科学共同体的"范式",则相当于艺术界里的艺术品,恰如科学共同体授予某一范式以科学理论的资格一样,艺术共同体或艺术界也同样地授予某个人造物以艺术品的地位。至此,我们可以合乎逻辑地得出第三个结论:艺术品是特定时期和文化中作为社会制度的艺术界所授予的特定事物的一种资格。

由此,我们可以引申出更多的有关艺术品的理论。历史上经常

---

① Thomas S. Kuhn, *The Structure of Scientific Revolutions*, Chicago: University of Chicago Press, 1970, p. 175, p. 177.

出现的情况是,每当新的艺术品出现时,它常常具有和当时的艺术界及其社会制度相对抗的特征,因而往往不被当时的艺术界所认可。即是说,艺术创新常以"异端"的面目出现,中国文学史上几乎每一种新的文体和风格问世,都有其艰难的逐渐被认可的历程;西方艺术史这类例子也极多,杜尚便是一例。虽然杜尚的《喷泉》开始不被展览所接受,但是后来艺术界不但接受了这件作品,而且将其置于艺术史发展的一个很重要的节点上,赋予其复杂的艺术史和艺术理论意义。从艺术的历史发展角度看,艺术创新的颠覆性往往导致艺术传统的嬗变,常常导致"古今之争"的出现。所以古人常发出这样的感慨:"荣古陋今,人之大情也。……(诗人)在时,人亦未甚爱重,必待身后,然后人贵之。"[①]法国艺术家罗丹亦有同样的感慨:"许多伟大的艺术家……在他们生活的年代里,他们的艺术才能往往不受到重视,一直要到以后才获得胜利,甚至是一个很长的时期。"[②]这种说法含义深刻,一方面,它表明艺术的制度本身具有某种保守性或惰性,它常常会拒斥新的艺术及其新风格;另一方面,它又揭橥了一个规律,即艺术的社会制度本身又是自我调节,不断发展变化的,今天不被授予艺术品资格和地位的作品,明天或后天则有可能被认可。这就合理地引申出第四个结论:艺术品的概念是历史的、发展的、不断变化的,并不存在适用于一切时代一切文化的

---

① 白居易:《与元九书》,《中国历代文论选》一卷本,上海古籍出版社 1979 年版,第 143—144 页。

② 《罗丹艺术论》,人民美术出版社 1978 年版,第 129 页。

普遍的艺术和艺术品概念。

说艺术品的概念是发展变化的,这就等于说艺术品的概念是开放的。每个时代都有其美学观念,它制约着人们把什么视为艺术品。以上我们得出了四个结论:1) 艺术品是经过人的加工并赋予特定意义的物品;2) 艺术品是人造物,它包括纯粹的审美对象,也包括兼具审美和实用功能的物品;3) 艺术品是特定时期和文化中作为社会制度的艺术界所授予的特定事物的一种资格和属性;4) 艺术品的概念是历史的、发展的、不断变化的,并不存在适用于一切时代一切文化的普遍的艺术品概念。简言之,这四个结论标示了艺术品的人工性、审美对象性、社会文化属性和自身的开放性。

关键词:

艺术哲学　艺术　艺术品　艺术家　欣赏者　现实

延伸阅读书目:

1. 艾布拉姆斯:《导论:批评理论的总趋向》,载艾布拉姆斯:《镜与灯》,北京大学出版社 1989 年版。

2. 丹托:《艺术世界》,载《艺术家茶座》第三辑,山东人民出版社 2005 年版。

风景五

这不是一只烟斗

艺术中的想象在于为一个存在的东西找寻最完整的表现,但决不想象出或创造出这个对象本身。

美的东西是在自然中,而它以最多种多样的现实形式呈现出来。一旦它被找到,它就属于艺术,或可算是属于发现它的艺术家。只要美的东西是真实的和可视的,它就具有它自己的艺术表现。而艺术家无权对这种表现增添些东西。他忽略它,就有歪曲以至削弱它的危险。作为自然所提供的美,是比艺术家的所有的传统优越的。

——库尔贝:《给学生的公开信》

读到这里,我们已一步步地深入到美学风景内部了,通过一条条曲径而通达幽僻之处,仔细观赏着美学风景的精致细节。

古代“画龙点睛”的故事大家一定不陌生。话说梁武帝好装饰佛寺,命画家张僧繇作画。画家在金陵安乐寺画了四条白龙不点睛。每每人们要他点睛,他都说“点睛即飞去!”不过人们都不相信他的话,强烈要求他点睛。于是,他不得已为两条白龙点睛,这两条白龙随即乘着雷电破壁腾飞而去。这则故事含义复杂,可作多种诠释。我们不妨把点睛的和未点睛的白龙作一比较,未点睛者仍不是生动活泼的白龙,一俟点睛,它便有了自己的生命,活灵活现地飞走了。

西方亦有类似的传说,古希腊神话中的皮格马利翁是塞浦路斯国王,他在凡界找不到意中人,于是废寝忘食地塑造一尊美少女雕像格莱西亚,他对美少女雕像钟爱有加,日夜倾慕。功夫不负有心人,他的爱慕居然感动了爱神阿芙洛狄特(罗马成为维纳斯),有一

图 31　热罗姆《皮格马利翁与格莱西亚》

天她赋予雕像格莱西亚以生命,并允他们结为连理。这个题材在西方艺术史上被不少画家描绘过,皮格马利翁每日雕凿那少女塑像,使之逼真而又妩媚动人。

两则故事虽无关联,我们却可以寻找到某些共同的启迪。一旦点睛,画的白龙便成了真龙,因为它太像龙了;只要精心雕饰并把她当作有生命的少女,无生命的塑像也会生命勃发。换句话说,无论画龙抑或塑像,只要神情逼真,假亦成真!

艺术真有如此“画龙点睛”的力量吗?艺术真有将石像变真人的秘诀吗?带着这些疑问,我们走向又一扇窗户。窗外是另一番美学的风景。艺术与世界的**模仿**关系或再现关系呈现出来。你在观看这些风景时,别忘了时时调动自己的心智,寻找美学思索的乐趣。

模仿的快感

从以上两个传说中,似可以引出许多相关的美学问题。

细细想来,画龙点睛和皮格马利翁的故事有一些共通之处,但也有明显的差异。在日常生活中,白龙完全是想象的产物,而美少女则是真实的存在。这似乎在提示我们,艺术的功能就是如此奇妙,它可以描摹现实世界中存在的人或物,从少女到帝王,从山水到花鸟。也可以描画现实世界中并不存在的人或物,反映人们心中的观念性存在,比如龙或神怪。

如果我们把焦点集中在艺术和现实的关系上，进一步的追问是，艺术具有准确无误的模仿功能吗？模仿和被模仿物是何种关系？这些追问就把我们的注意力引向了古老的美学理论——模仿论。

模仿，从字面意义上，是指“照某种现成的样子学着做”。简单的语义分析表明，模仿实际上是一个关系概念，它是指照A的样子去做出B。需要特别注意的是，A和B是两个事物，而且B和A之间有某种相似关系。画龙点睛的故事说的是画家照“龙A”的样子去画“龙B”，这个“龙A”也许只是一个想象性的存在，不过它亦有自己的特征、形态，只有照着这些特征和形态来画，点睛后白龙便可活灵活现飞去，这是一种模仿。皮格马利翁的故事，说的是皮氏把雕像“少女B”当作真实存在的“少女A”来塑造，逼真的塑造加之爱慕之情使之获有生命。“少女B”也是依照着现实世界“少女A”的形体和模样来塑造的，同样是一种模仿。

说到模仿，可以谈论的事情太多了。你首先想到的也许就是，人就是一种会模仿的动物，小孩会模仿大人的行为，运动员通过模仿来掌握某种运动技巧，仿生学就是模仿生物的形态和功能的一门学问。艺术更少不了模仿，你在美术馆里常常看到，一些后生晚辈在大师名作面前久久驻足，临摹这些杰作，从中悟得艺术的门道，这也是模仿；更常见的情景是，画家跨越崇山峻岭，搜尽奇峰打草稿，还是模仿。

在希腊，模仿论是一种流传得极为普遍的美学观念，一切艺术均源自模仿，而所谓艺术也就是“模仿的技艺”。德莫克利特坚信，

图 32　艾伦《学画埃及人》

人是通过模仿鸟儿的鸣啭才学会唱歌的;亚里士多德则干脆得出一个结论,模仿是人区别于动物的一个标志。不但艺术,甚至一切知识都是通过模仿才产生的。所以,他认为模仿乃是出于人的天性,它给人带来快感和知识,所以诸如悲剧这样的模仿性艺术才得以出现。柏拉图在《理想国》中说道,荷马以来的一切诗人均是模仿者。

模仿不但是哲人的总结,更是艺术家的实践。博物学家普林尼曾说过一则生动的故事,这个故事表明了在希腊艺术家看来,什么样的艺术才是上乘的值得称道的艺术。据说希腊画家宙克西斯和巴哈尔修斯比试,看谁画画的本领更高。宙克西斯画的是一幅以葡萄为主题的静物画,模仿得惟妙惟肖,非常逼真。以致鸟儿经过都误以为是真的葡萄,飞下来啄食。宙克西斯得意扬扬,陶醉在自己绝妙的模仿技艺之中,满以为此次比赛胜券在握。接下来发生的事情极富戏剧性,画家巴哈尔修斯拿出了自己的画,画面上覆盖着布帘。此刻,迫不及待想要获胜的宙克西斯高声嚷嚷:"现在是我们的对手巴哈尔修斯拉开幕帘展示他的画的时候了!"当他转身动手去拉画面的布帘时,方才发现自己上当了,因为画面上的布帘完全是巴哈尔修斯用油彩画上去的。尴尬的宙克西斯只好俯首称臣,拱手把胜利让给巴哈尔修斯。他不得不承认自己比不上巴哈尔修斯,因为他模仿的画只骗过了鸟儿的眼睛,而巴哈尔修斯模仿的画则骗过了画家的眼睛。这则轶事耐人寻味。中国艺术史上也不乏类似的故事。据说梁兴国寺多雀,鸟粪堆积在佛顶,众僧驱之不去。于是请来了画家张僧繇,画家在东西壁上各画了一只鹰和一只鹞,怒目相视。打这以后,鸟雀便不敢再来。这则传说也是骗过鸟儿的眼睛,另一则传说是骗过人的眼睛。相传东吴画家曹不兴为孙权画屏风,不小心多了个墨点,于是画家将错就错,干脆画成一只蝇。后来将屏风呈孙权,孙权见了后,便举手弹之,以为真是一只苍蝇。这则故事讲的是骗过了人的眼睛。

上述故事值得玩味的地方不少。首先,从故事中我们可以得知,画家技艺的高低是以模仿是否逼真为标准的,技艺高超的画家所画的画一定让人看上去像是真的一样,即是说,越是逼真,越是肖似,就被看作是技高一筹。其次,就辨别绘画的逼真性而言,画家的眼睛才是最敏锐最精确的,骗过鸟儿的技艺显然逊色于骗过画家眼睛的技巧。第三,模仿性的艺术,往往能造成一种效果,那就是以假乱真。葡萄和布帘都不是实物而是画,但却往往使观者产生真实物的幻觉,或者说,错把假的当成真的。这些初步的分析已透露出美学上的模仿论的一些要点。

模仿论确立了艺术和现实的复杂关系。如果我们把真的葡萄和布帘当作实在物,而把描绘葡萄和幕帘的绘画视为这些实在物的艺术符号,从实在物葡萄,到画面葡萄,这个转换昭示了艺术和现实的复杂关系。一方面,画的葡萄可以逼真地摹写实物葡萄,这表明,艺术作为一种表现方式,可以真实地、客观地展示现实世界的实际样态。这就意味着,艺术与现实的关系是一种复现关系,模仿的本义——"照现成的样子去做",也就是按照事物本来的面貌去反映。艺术与现实的这种模仿关系决定了艺术可以揭示现实世界的真实

图 33　卡拉瓦乔《果篮静物》

面貌,所以,艺术具有真理性。模仿的关系实际上表明,“现成的样子”是被模仿的对象,也就是说,实物葡萄是被模仿的对象,而绘画则是模仿物,两者之间的逼真摹写关系体现为实物与艺术符号之间的相似性。需要特别注意的是,这种相似性是以实物葡萄为中心的,也就是说,是画面上的葡萄与实物葡萄相像,而不是相反。于是,模仿关系的重心在实在世界本身是确凿无疑的,而且评判绘画优劣高下的唯一标准也是画是否接近实在物。

另一方面,我们从画面中辨识出葡萄,而不是其他什么,这也说明,观众在欣赏艺术品时,是带着自己的日常经验来判断艺术品。宙克西斯最后败给巴哈尔修斯,原因是他把后者生动描画的布帘当作真的布帘了。从画家角度说,他模仿技艺高超,画得如此惟妙惟肖;从观众角度说,他所以错把假布帘当作真布帘,那是因为他的日常生活中积累了有关布帘为何物的经验,使他作出了那是真布帘的判断,否则他是不会说拉开帘子看画的。这又回到了上面所说的画的葡萄与实物葡萄的一致性或相似性问题上来了。亚里士多德曾论述模仿的两个根源,他认为一是出于人的本能,二是出于认知的快感。亚里士多德写道:

> 一般说来,诗的起源仿佛有两个原因,都是出于人的天性。人从孩提时候起就有模仿的本能(人和禽兽的分别之一,就在于人最善于模仿,他们最初的知识就是从模仿得来的),人对于模仿的作品总是感到快感。经验证明了这样一点:事物本身看

> 上去尽管是引起痛感,但惟妙惟肖的图像看上去却能引起我们的快感,例如尸首或最可鄙的动物形象。(其原因也是由于求知不仅对哲学家是最快乐的事,对一般人亦然,只是一般人求知的能力比较薄弱罢了。我们看见那些图像所以感到快感,就因为我们在一面看,一面在求知,断定某一事物是某一事物,比方说,“这就是那个事物”。[①]

这里,你一定注意到亚里士多德指出的一个事实,在面对模仿性的艺术作品时,欣赏者所以获得快感,原因之一在于他从作品中辨识出人物或事物,从中获得一种认知的快感。比如,面对罗中立的油画《父亲》,一张典型的、熟悉的老农的面庞,那布满人世沧桑的皱纹,那充满期盼而又富有故事的眼神,那厚实而生满老茧的大手,每一个细节都显得那样逼真和细致。欣赏者在画中首先是辨识出画的人物,然后感受到强烈的情感意蕴。更进一步,面对这样的写实作品,认知的理解会转化为审美的判断,而这一判断的根据往往又和作品模仿的逼真性高低有关。越是逼真的作品越是引起明确的认知快感,一方面使得欣赏者获得明确的图像信息,另一方面又使欣赏者叹服于画家卓越的模仿能力。于是,依据模仿论的美学观,艺术品的审美判断标准便和模仿的真实性密切相关。美的标准和真的标准在这里是统一的,如诗人济慈优美的诗句:“‘美即真,

---

① 亚里士多德:《诗学》,人民文学出版社1962年版,第11页。

图34　罗中立《父亲》

真即美。'此即汝等世上所知的一切,以及汝等需知的一切。"

审美的发展心理学研究,从另一个侧面证实了这种现象。根据美国心理学家加德纳的经验研究,一个人从初生伊始到长大成人,其心理发展要经历五个不同阶段。其中7—9岁是第三阶段,叫作"写实主义高峰期"。在这个阶段,孩子在对艺术欣赏对象作判断时,常常把真实模仿确定为唯一的标准,孩子对任何艺术品的评判,往往以是否逼真地模仿了熟悉的事物为标准。比如,一张画了一所房子的画,如果将房子加以抽象变形,孩子便会作出消极否定的判断,认为该画画得不好;如果房子画得很写实很逼真,那么,孩子就会给予肯定和较高的评价。这表明,这一时期儿童审美判断的唯一依据就是相像或相似。不仅在造型艺术上,而且这个原则甚至在艺术的其他门类中也起作用。比如,当加德纳用"响亮的领带"这句诗来询问孩子时,得到的回答是"领带怎么会响亮呢?只有声音才响亮"[①]。真实的原则又一次制约了判断。这表明,在个体审美发展心理学上,必须经过一个恪守写实或模仿原则的阶段,在这个阶段,一切艺术品的审美判断均以是否真实模仿对象为标准,或者说,这一时期孩子的审美偏爱就是真实。值得注意的是,到了第五阶段(13—20岁),青少年不再恪守一个标准,而是多重标准,非写实性的风格也可接受和理解了。

假如说个体的审美心理发展在一定程度上印证了人类种系发

---

① 参见拙著《走向创造的境界》,吉林教育出版社1992年版,第66页。

展过程的话，也许我们可以推测出一个看法：正如个体要经历一个写实主义阶段一样，在人类艺术的发展历程中，这样的写实模仿阶段也必不可少。如果我们把这个猜测和黑格尔关于艺术史类型的理论结合起来，便会有新的发现。在黑格尔那里，艺术的发展经历了象征型、古典型和浪漫型三个阶段。**象征型艺术**的特征是外在的物质形式压倒精神内容，**古典型艺术**的特征是物质形式和精神内容的和谐统一，而**浪漫型艺术**则走向另一个极端，是精神内容溢出物质形式。象征型的原始艺术表征了人类童年的艺术类型，恰如儿童画所表现出来的特征，往往是简单的、质朴的和高度象征性的；而古典艺术则标示了一种以模仿写实为原则的艺术类型，它体现出内容与形式的高度和谐，也许和个体心理发生的写实主义高峰期相对应；到了浪漫艺术，精神的内容无法找到恰当的物质形式来加以表达，所以艺术呈现为形式规则的颠覆，这也许和个体心路历程中的相对主义阶段对应。古典艺术中的许多代表作，从希腊雕塑到文艺复兴绘画，从希腊悲剧到现实主义小说，应该说，写实的原则是压倒一切的。当然，这些理论说的都是西方文化的情况，并不一定适合中国文化。不过，如果我们结合本书第二章所提到的画犬马和鬼魅孰难孰易的讨论，而把魏晋视为一个重要转折期的话，那么，可以说魏晋以前写实的传统还是很强的，只是魏晋以后出现了转向写意的趋势，并由此塑造了中国艺术的独特风貌。

从模仿到再现

模仿说是最古老的西方美学观念之一，到了文艺复兴时期，镜子说开始流行。镜子这个器具典型代表了模仿说的基本理念。镜子是一个虚空的反射物，它本身并无任何物象，但是却可以准确无误地映射出世间万事万物。恰如莎士比亚所说，戏剧家的任务就是拿一面镜子，映照出人世间三教九流各色人等。

模仿说虽然道出了艺术和现实的复杂关系，却也有明显局限。在模仿说中，艺术家的地位是微不足道的，他们不过是跟在现实后面亦步亦趋的"奴仆"而已，他们的角色恰似镜子一般，只是虚空的、被动的纪录者，自己一无所有。进一步，在模仿说中，艺术品以及艺术的表现力也是无足轻重的，因为到头来艺术品要看像不像真实物，以真实物为标准才能臧否定夺。你也许发现，艺术创作的实际情况并非如此。艺术家的角色远不是微不足道的，艺术技巧和作品本身亦不是可有可无的。在看似被动的模仿行为中，包含了许多复杂的创造性发现和表现，蕴含了艺术家个人的体验和风格。同是山水画大师，范宽的作品与倪瓒的作品大相径庭；同样是"扬州八怪"画家的金农和李鱓都喜好画竹，但画的竹子却各具个性，风格迥然异趣；同时描摹女性人体，安格尔和马蒂斯的作品可谓天壤之别。这充分表明，艺术家的模仿并不是依样画葫芦，而是创造性地

图 35　金农《墨竹》

图 36　李蝉《荀竹图》

再现实在世界。看来，我们对**艺术与现实的关系**的理解尚需进一步深入。

德国画家里希特在其自传中说过一件趣事。一次，他和另外三个画家一起去风景胜地蒂沃利。当他们到达时，碰到一批法国艺术家在写生，这些法国画家用粗略的笔法和大块的色彩在画布上涂抹，这种粗鲁的画风激怒了里希特等德国画家。他们决心反其道而行之，立志要精确地记录下每个细节，分毫不差。"我们对每一片草叶，每一条细枝都爱不忍弃，坚持巨细不遗，人人都尽其所能把母题描绘得客观如实。"然而，当他们傍晚休息时，比较了各自的画稿才惊异地发现每个人画得是如此不同，在情调、色彩、轮廓等方面差异巨大，各具特色。这四位画家于是交流了各自的心得，并探讨了不同的个性是如何影响着他们的绘画的。并发现一些规律性的现象，比如带有忧郁气质的画家往往突出了蓝色调等。①

为何里希特等四位画家竭尽全力地忠实描绘所见到的场景，但却画出了全然不同的景观？这显然表明，画家决非一面被动的镜子，左拉说得好，一件艺术品乃是"通过某种气质所看见的自然一角"。用中国的老话来说，"文如其人"，用法国作家布封的话来说，"风格即其人"。

也许，我们应该把艺术家的"模仿"视为一个更为复杂的"化合"过程，其中客观的物象和主观的体验，相互交织，彼此作用，因此

① 参见贡布里希：《艺术与错觉》，浙江摄影出版社1987年版，第72—73页。

形成了极富变化的形态。特别值得思考的一点是，当摄影出现后，绘画并未消失。如果说绘画的功能就是客观的纪录，那它永远赶不上摄影来得逼真，而且简单便捷。这一事实表明，绘画，乃至一切艺术，它们的功能显然不只是客观地纪录（当然，摄影本身也不是纯粹客观的记录，它也包含了许多“化合”的过程）。清代著名画家郑板桥的一段话颇有启迪，他写道：

> 江馆清秋，晨起看竹，烟光日影露气，皆浮动于疏枝密叶之间。胸中勃勃遂有画意。其实胸中之竹，并不是眼中之竹也。因而磨墨展纸，落笔倏作变相，手中之竹又不是胸中之竹也。总之，意在笔先者，定则也；趣在法外者，化机也。独画云乎哉！①

在这段话中，郑板桥揭示了绘画乃至所有艺术复杂而充满了差异和变化的过程。画家提到了画竹过程中三种竹的形态：“眼中之竹”“胸中之竹”和“手中之竹”。当他晨起“看竹”时，产生了“眼中之竹”；随后胸中涌起“画意”，此乃“胸中之竹”，最后“落笔倏作变相”，最后形成了“手中之竹”。画家反复强调，“眼中之竹”不同于“胸中之竹”，而“胸中之竹”又异于“手中之竹”。其中层层复杂的“变相”使得艺术摹写现实充满了玄机和变数，决然不同于镜子反

---

① 《郑板桥集·题画》。http://yuedu.baidu.com/ebook/d287377e453610661ed9f4f3?fr=aladdin&f=read。

射事物的简单过程。试想一下,假如在艺术的创作过程中,真实的竹子和“眼中之竹”“胸中之竹”和“手中之竹”完全一致,没有差异和变化,那么,艺术创造便失去了驱使人去探究和发现的动力,将蜕变为简单复制的过程,就会显得索然无味。正是因为存在着差异和变化,这种非同一性使得艺术创造富有生气和发展的可能性,进而使得画家在描画世界时不是被动摹写,而是充满了无限可能性。而郑板桥“意在笔先”的说法,更是昭示了艺术的摹写不是亦步亦趋地模仿,而是一种主动的发现和探索。所以有美学家声称:“艺术是‘创造’而不是‘模仿’,这种观念众所周知。”[①]至此,我们便逐渐离开了简单的模仿说,进入更为复杂的再现论了。

再现的英文是 representation,《牛津最新英语词典》的界定是:再现什么就是描绘或刻画什么,借助描绘或刻画或想象在心中唤起该物;就是将某物的**相似性**呈现在我们心中和感官里;比如这句话:“这幅画再现了凯因谋杀了阿贝尔”。柏拉图在《理想国》中就谈到再现,他认为一幅画就是一种再现,因为画重现了一个对象的形象外观。比较地说,从模仿论到再现论,反映了美学思考的深化。有的美学家指出,模仿说总是通过把作品同作品之外的现实相比较而得出优劣判断,因而它所证明的不是艺术品自身的属性,而是某种外在的标准和规范。这样一来,模仿说便完全忽略了艺术品自身的审美属性和特征,它的唯一参照系就是被模仿的对象本身。而再现

---

① 贡布里希:《艺术与人文科学》,浙江摄影出版社1989年版,第22页。

论的提出有其合理性,它关注的是艺术描画现实事物的特性和能力,是艺术品自身的美学特质,其重心在艺术而非被模仿的外在事物。[①] 这么来看,再现论更符合美学思考的要求,因为它更多的是关心作为再现形式的艺术是如何来表征外在世界的,以及其内在的美学规律何在。于是,再现论将艺术品的判断转化为一个审美判断,而不是一种简单的相似关系的评价。

小资料:再现

再现就是呈现了某物,这是老生常谈。所以,词语、句子、思想和图像也许都被视为再现,尽管它们呈现事物的方式是全然不同的。再现是一个哲学上令人困惑的关系。比如这个例子:“X 再现了 Y”这句话,看起来表达了两个事物之间的关系。但是,两个事物之间关系的存在不过是无谓地表明它们存在而已,对再现的关系来说并非如此:一个图像,一种思想或一个句子可以再现希腊神话中特洛伊王子巴里斯的裁定(the Judgement of Paris),即使事实上并不存在这样的事情。然而,谁能否定所有再现实际上都呈现了什么呢?

——《牛津哲学指南》,牛津大学出版社 1995 年版

① 参见布洛克:《美学新解》,辽宁人民出版社 1987 年版,第 70 页。

“这不是一只烟斗”

1929年,比利时超现实主义画家马格利特创作了一幅《形象的叛逆》的画。画面中央是一个巨大的烟斗,而画面下方则写了一行法文:“这不是一只烟斗。”几年以后,马格利特又画了一幅更具迷惑性的作品,题为《双重之谜》。画面的左上方有一个悬浮着的烟斗形象,右下方立着一个画架,上面摆着一幅画,就是1929年的那幅《形象的叛逆》。不知你看了之后有何感想?你不妨猜测一下画家在画里究竟要表达什么?

这是两幅极有趣又值得分析的画。《形象的叛逆》有一个令人困惑的判断,画面上明明画了一只烟斗,可是画家偏用文字来否定了所再现的形象。这幅画曾经引起许多哲学家和美学家的兴趣,以致像福柯这样的哲学大家还以此为题写了一本书。

在《形象的叛逆》这幅画中,你一定注意到存在着一个明显的矛盾,那就是画面形象陈述与画面文字陈述之间的否定关系。画面的中央呈现出一个巨大的烟斗,这个形象告诉你所画为何物,只要你用日常生活经验来判断即可:这是一只烟斗。可是,画家又在画面下方的文字叙述中,给出一个否定的判断句:“这不是一只烟斗。”形象再现与语言再现(叙述)之间出现了巨大的对立,两者彼此抵消。画的形象是肯定的:这是一只烟斗;文字叙述则是否定的:

图 37 马格利特《形象的叛逆》

这不是一只烟斗,这便导致了观看的迷惑。于是,我们从这个形象与语言之间的矛盾中,引申出再现的第一个重要问题:再现与被再现物之间的复杂关系。也许,画家要提醒我们注意:这是一幅描绘烟斗的画(艺术作品),是一个烟斗的形象(艺术)符号,而不是烟斗本身(亦即不是作为实物的烟斗)。所以,从这种解读来看,这幅画的确“不是一只烟斗”。

就像杜尚的《喷泉》意在质疑我们关于何为艺术品的观念一样,马格利特的用心也是挑战我们的欣赏习惯。因为当人们观看任何一件绘画作品时,语言的习惯用法总是和形象再现之间有某种复杂的纠缠,语言总是以判断的方式确证我们所见到的形象。比如我们欣赏罗中立的《父亲》,当一个老农淳朴憨厚的形象映入眼帘时,语言便会给出判断:这是一个老农。所以,观看马格利特的《形象的叛逆》,你会很自然地作出这样的判断:这是一只烟斗。问题在于,上述看画的经验倾向,亦即语言确证形象的倾向消解了某种重要的差别,那就是所画的烟斗和真实的烟斗之间的差异在语言确证中被抹去了。也许,马格利特在这幅画里执意要凸显的正是这种差异的存在,只不过他是用语言和形象之间的对立来达到的。他提醒我们,画面上的烟斗并不是一只烟斗的实在物,而是一个烟斗的艺术符号或艺术再现。这就引出了一个值得思考的美学问题,即在艺术中,被再现物与再现物之间并非同一个事物。一幅关于烟斗的画并不是那个烟斗本身,如果我们忽略了两者的差异,也就丧失了艺术存在的根据。在一幅画中,我们欣赏的是再现烟斗形象的艺术,是艺术再现的微妙性和复杂性,而不是一个实在物烟斗本身。如果我们要看烟斗本身,不如直接去看实物好了。艺术的再现把实物的某些侧面呈现出来,在这种呈现中,画家必有所强调又有所省略,凸显了某些现实中被我们忽视的细节和特征。更重要的是,艺术家在其再现中传达了某种他对再现事物的看法,这是我们直接观看实在物本身所没有的。所以,再现并不是简单的摹写和复现客观事物,而是包含了更多的东西,正是这更多的东西才使得再现有其必要性。哲学家卡西尔说得好:"艺术家选择实在的某一方面,但这种选择过程同时也是客观化的过程。当我们进入他的透镜,我们就不得不以他的眼光来看待世界,仿佛就像我们以前从未从这种特殊的方面观察过这个世界似的。"①这一陈述可以视为对再现的美学意义的说明。

从更加广义的美学来看,"这不是一只烟斗"还涉及主体的审美态度。据说抗日战争时期,在延安上演了歌舞剧《白毛女》,当剧情发展到高潮时,现场观众义愤填膺,竟有人冲上舞台为喜儿报仇,狠揍扮演恶霸黄世仁的演员。法国作家司汤达也记录了同样的事情,当莎士比亚的悲剧《奥赛罗》演到奥赛罗掐死心爱的戴斯德蒙娜时,一个剧院的卫兵竟气愤地向扮演奥赛罗的演员开了一枪。显然,这些观众将艺术与现实生活相混淆了,错把艺术当真实。假如我们知道"这不是一只烟斗"的道理,这样的行为便不会发生了。

---

① 卡西尔:《人论》,上海译文出版社1985年版,第185页。

所以戏剧家布莱希特反复强调，他的叙事剧核心在于某种“陌生化”（或译作“间离效果”）。这种效果旨在让观众时刻意识到自己当下是在看戏，舞台上发生的一切并不是现实生活，只是舞台上的表演而已。“这是在演戏”（布莱希特）和“这不是一只烟斗”（马格利特）这两个命题的意义是一样的，它们都涉及艺术的一种审美功能。至此，我们已触及再现论的一种解释模式——幻觉论。依据幻觉论，任何艺术的再现都是使欣赏者产生一种仿佛真实的幻觉，好像眼前被再现的事物就是那个事物本身。那些冲上舞台狠揍黄世仁的观众，就是把戏剧的幻觉当作真实经验了，因而混淆了戏剧情境和现实情境的区别。再比如，中国画中所谓“计白当黑”，就是充分运用了这一点。在齐白石的许多作品中，并未画出水波涟漪，小鱼小虾嬉戏游弋在空白中，但有经验的观众会想象地填补这些空白，将其视为充满了清澈溪水的真实空间。所以，中国美学的许多命题，诸如在似与不似之间、虚实相生等等，都是利用了这个原理。

由此，我们可以看到再现范畴丰富的美学意义，首先，再现是一种艺术表现方式，所以再现物不能等同于被再现的事物本身。艺术的再现所营造的是一个艺术的、想象的世界，而非我们真实的生活世界。第二，再现会唤起欣赏者的真实感，这种感觉与面对真实事物时的体验是相近的。惟其如此，艺术才作为一种替代不在场的事物而发展开来。肖像画使已逝去的人历历在目，风景画把人们从未去过的美景呈现在眼前，小说记录了过去的历史事件，诗歌凝聚了诗人特定时刻的情感体验等等。试想一下，如果没有这些艺术的再

图38 《白毛女》剧照

现,人类历史将会变得多么乏味,我们的文化记忆会多么贫乏,而我们的体验也会多么的有限。正是艺术再现弥补这个不足,扩展了我们的眼界,让欣赏者在更加广阔的时空里多次体验。第三,再现物和被再现物虽然有所不同,但是它们却有复杂的美学关系。再现物(艺术品)真实地再现了被再现物,这表明艺术虽不是现实本身,却以其独特的表现方式呈现了现实的某些方面,揭示了真实性,所以艺术才具有某种真理性功能。

让我们再来仔细审视一下马格利特的另一幅画《双重之谜》。这幅画就像是中国传统戏曲中的“戏中戏”,是某种独特的“画中有画”结构。我们注意到,画面上有两个烟斗形象,一只烟斗在画面左上方,不在画中的那个画框内,我们称之为烟斗 A。画家仿佛是要告诉观众,“这是一只烟斗”。另一只在画面上的一个画框内,我们称之为烟斗 B。画家的意图似乎是要告诉观众,烟斗 B 是一只画出来的烟斗,亦即“这不是一只烟斗”。从再现的角度来思考,烟斗 A 看似是一个真实的烟斗,而烟斗 B 则像是烟斗 A 的再现形象,这两者的关系构成了画的第一重奥秘。不仅如此,画家还另有所图地设计了另一个奥秘。马格利特通过这幅画与画中画的隐喻关系迷惑了观众,在烟斗 A 和烟斗 B 中区分出再现物(烟斗 B)和被再现物(烟斗 A),但这重关系却掩盖了一个事实,那个在画中画框子外面的烟斗 A 本身也仍是画中呈现的烟斗形象,只不过它是整个画面中的一个烟斗形象而已。即是说,它仍然“不是一只烟斗”。画家留给观众的是一个更加复杂的提问:那画中画的烟斗(B)显然不是一

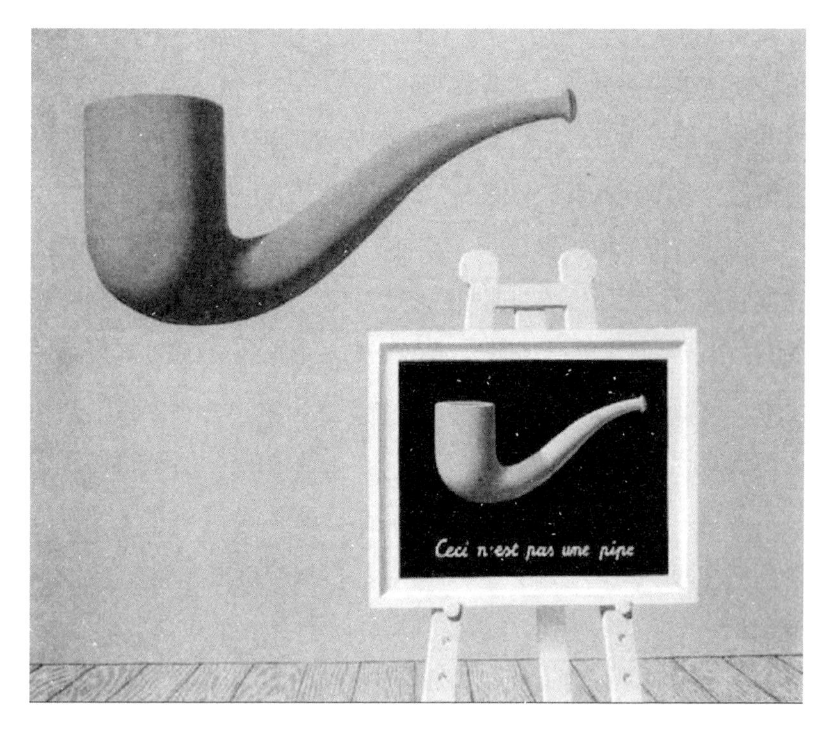

图 39　马格利特《双重之谜》

只烟斗,那么,那画中的烟斗(A)该怎样判断?这“双重之谜”颇具迷惑性,也颇有启发性。其实,画面上压根儿就没有真实的烟斗,那个烟斗 A 也仍是画中的烟斗形象。也就是说,“这不是一只烟斗”的判断仍然适用于烟斗 A。

从这幅画复杂的意味中,我们的分析思路进入了再现论的另一种解释模式——象征论。依据象征论,所谓的艺术再现实际上是符号指称过程。马格利特的《双重之谜》,利用两个不同的烟斗形象以及它们与其背景的复杂关系,昭示了符号再现的意指特性。从符号学角度看,任何符号总是在指涉或指称某种事物或场景,我们说到“红色”时,是指称一种暖色;我们说到绘画时,是指称一种艺术类型。同理,绘画借助色彩、线条、形状和构图,也表征了特定的事物、人物或场景。《双重之谜》中的烟斗形象,作为符号指称了日常生活中的一件器具——烟斗。但它们并不是烟斗,只是烟斗这个事物的形象符号。象征论指出,符号的指涉意义是要受到它所属的特定符号系统的制约,换言之,意义不是独立自足的,它有赖于特定的符号情境或语境。在这幅画中,画家营造了两个空间,一个是整个画面的空间,它是在一间房子里,有墙壁,有地板,有深度,其中悬浮着一个巨大的烟斗;另一个空间则是这个房子里立在画架上的画框里的画,这幅画构成一个大空间中的小空间,它是独立的。前一空间仿佛是开放的真实的,后一空间显然是封闭的想象(绘画)的。于是,在这两个空间中出现的同样的符号便具有全然不同的意义。烟斗 A 处于真实的空间中,这个烟斗便被视为一个真实的烟斗;烟斗 B 处于一个绘画再现的形象位置上,当然也就被视为一个烟斗的形象符号。你在看这幅画时,一边在看,一边在认知,并不断调动自己的日常经验来参与形象符号的辨识和确认,从而获得画面所传达的意义及其理解。但这只是绘画象征解读的第一层含义。

接下来还有另一层解读,那就是,虽然画面构造了两个不同空间,但它们又都属于《双重之谜》这幅画的空间,烟斗 A 所处的开放真实空间其实和烟斗 B 所处的封闭虚拟空间一样,都是《双重之谜》这幅画的绘画空间,它仍然是封闭的、虚拟的。因此,其中我们在第一层解读中得出的认知判断和形象确认,在第二层解读中又被否定了。这是该画的第三个语境,即整个画面的语境,它涵盖了前面两个语境。而这幅画真正的奥秘,就在这三重解读极其复杂意义的把握上。可见,艺术的再现决不是简单的重复和摹写现实世界的样子,艺术家采用艺术符号来再现,其中有许多值得玩味的“谜”。

是不是呢?你不妨再仔细审视这幅画,也许会有更多的发现。

再现、媒介与艺术门类

以上我们用了较多篇幅分析绘画的再现问题,其实,再现并不只是像绘画或雕塑这样的造型艺术才有的美学问题,严格地说,再现是一个普遍的美学问题,它蕴含在各门艺术之中。

再现这个概念不但突出了艺术与它所描绘的外部世界的密切

关系,而且强调了再现的各种艺术风格和手段。因此,对艺术再现问题的讨论就必然牵涉到艺术的不同媒介。我们知道,不同的艺术各有不同的表现媒介:诗歌和小说依赖于语言来描摹事件和情感,绘画则靠色、形、线来刻画事物,雕塑要用不同的材质(青铜、泥或大理石等)来表现人物形象,戏剧则离不开演员的形体动作和台词,音乐的基本媒介则是声音等。由此可见,不同的艺术要求不同的再现媒介,它们又构成了不同的再现手段。亚里士多德在《诗学》中曾提到,不同的艺术可以依据三个不同的方面来加以区分,那就是"模仿所用的媒介不同,所取的对象不同,所采用的方式不同"①。这第一个方面就是媒介。

美学家布洛克认为:"在对艺术的知觉中,既需要注意它使用的媒介物,又要注意它再现的物体。艺术品并不仅仅是呈现一个物体,它还要展现一个艺术家运用某种艺术媒介对这个物体的描绘或转译。假如仅从媒介物本身便看出它代表的物体,那还要艺术家干什么?因此,艺术就存在于这两种因素(媒介和再现物)的紧张作用中,离开两者中的任何一个,艺术便不再存在。"②这段话很值得琢磨。用特定媒介来表征事物乃是一切艺术家都必须面对的任务,媒介与再现物实际上有一个矛盾,那就是再现物往往掩盖了媒介的存在。比如马格利特的绘画,画面的再现物是烟斗,当欣赏者注意

① 亚里士多德:《诗学》,人民文学出版社1962年版,第3页。

② 布洛克:《美学新解》,辽宁人民出版社1987年版,第89页。

到烟斗形象时,往往会忽略呈现这一形象的色彩、线条、形状、光影等媒介因素。换言之,这个矛盾也可以视为内容(题材)和形式之间的矛盾。再现物(内容或题材)往往集中了人们的注意力,使得欣赏者关注它再现了什么,而忽略了如何再现(形式和媒介)。布洛克所说的"媒介和再现物"的紧张关系,的确是艺术的奥秘所在。正是在对这种紧张关系(张力)的不同把握中,艺术家的个性和创造性的发挥有了广阔的空间。

这种张力的确存在。一方面,再现物有一种掩盖媒介形式的倾向;另一方面,媒介又仿佛要突破再现对象表现出它们自己的存在。即是说,在不同艺术家那里,再现始终是和他对媒介的理解和掌握联系在一起的。艺术家去再现一个世界,总是要受到他所运用的**艺术媒介**的诱导和规定。诗人习惯于从语言上来描绘世界,画家则是以线、形、色来描画世界,音乐家则以乐音来表达他对这个世界的感悟。不同的艺术有不同的媒介,不同媒介构造了艺术与现实的再现关系。同时,不同的媒介也造就了不同艺术之间的差异。这就涉及美学上的一个重要问题:艺术的分类。从经验中我们知道,诗歌与绘画不同,音乐和舞蹈有别,戏剧迥异于电影。从学理上说,再现是一切艺术的属性,即是说,每一种艺术都可以再现现实世界。但是,由于媒介的差异,由于艺术再现方式的区别,不同的艺术也就体现出不同的再现性或再现特征。比如说,绘画等造型艺术的可视性使之很容易趋近再现,无论中国画抑或西洋画,再现性都是一个显而易见的倾向。较之于绘画,音乐则显然较少再现性,因为音乐是通过乐音材料来表现的,而声音媒介显然没有造型媒介那样具有广阔的再现性。乐音要模仿再现的范围是极其狭窄的,所以音乐是更具表现性的艺术门类。绘画和音乐的简单比较给我们一个启示,那就是各门艺术由于媒介差异,所以在再现的程度上有所不同。换言之,再现性程度的高下可以将不同的艺术门类区分开来。

所以,有的美学家顺着这个思路来为艺术分类,他们主张将艺术分为两大类。一类是所谓模仿的艺术,它们倾向于再现;另一类是自由的艺术,它们是非再现性(表现性)的。德国美学家德索就以这样的尺度来区分艺术,他把艺术分为两类:模仿艺术(联想明确的艺术和具有现实形式的艺术),包括雕塑和绘画,以及叙事诗;而自由的艺术是联想不明确的和不具有现实形式的艺术,主要有建筑和音乐。法国美学家苏里奥则以模仿和抽象为两极,区分了不同艺术类型。在他看来模仿的艺术包括:素描、雕塑、再现性绘画、摄影、电影、哑剧、诗歌文学、歌剧和描写性音乐;而抽象艺术主要有:装饰性图案、建筑、纯粹绘画、舞台照明、舞蹈、诗律学、音乐等。

更进一步,不仅艺术门类之间有再现与非再现性之别,甚至在同一艺术内部,由于题材和样式的差异,亦可体现出再现程度的差异。比如人们通常将文学区分为三个主要领域:叙事类、戏剧类和抒情类。比较起来,叙事类和戏剧类往往趋向于再现,因为小说和戏剧本身带有明显的写实性。小说叙述可以讲述故事,塑造人物形象,编制情节,构造人物矛盾冲突,这都可以按照生活素材来组织和编排,戏剧亦复如此。较之于小说和戏剧,抒情诗就显得较少再现性了,因为抒情诗着力于诗人情感的抒发,关注诗人的体验,虽也对外部世界有所描绘,但都服务于揭示其内在精神世界。同理,以绘画为例,并非所有的绘画都是再现性的,绘画自身的发展历史证明了这一点。在原始艺术中,许多原始图腾和形象带有高度的象征性和抽象性;而现代主义艺术中,倾向于表现主义和抽象主义的流派也相当多。在这种倾向中,我们看到了绘画的再现性被有意降到了最低限度,诸如表现主义和抽象表现主义等派别即如是。如果用前面第四章所用的艾布拉姆斯的艺术四要素理论来说明,可以说倾向于再现的艺术就是关注艺术品与世界的关系,亦即特定艺术品如何真实地呈现世界;而倾向于非再现的艺术,则是关注艺术品与另外两个要素关系,倾向于艺术家内心情感揭示的艺术就是表现性的艺术,它专注于艺术品与艺术家之间的关系。倾向于艺术品与欣赏者关系则是一种修辞论,它关注的是艺术品如何以各种修辞方法对欣赏者产生效果。

说到这里,我们的目光便转向了另一个美学新景观——艺术的表现性。

关键词:

模仿　再现　艺术与现实的关系　相似性　艺术媒介　艺术分类

延伸阅读书目：

1. 塔塔尔凯维奇：《模仿：艺术与实在的关系史》，载塔塔尔凯维奇：《西方美学六大观念史》，上海译文出版社2013年版。

2. 沃尔顿："第8章 描绘性再现"，载沃尔顿：《扮假作真的模仿》，商务印书馆2013年版。

风景六

诗可以怨

“诗可以怨”也牵涉到更大的问题。古代评论诗歌，重视“穷苦之言”，古代欣赏音乐，也“以悲哀为主”；这两个类似的传统有没有共同的心理和社会基础？悲剧已遭现代“新批评”鄙弃为要不得的东西了，但是历史上占优势的理论认为这个剧种比喜剧伟大；那种传统看法和压低“欢愉之词”是否也有共同的心理和社会基础？

——钱钟书：《诗可以怨》

在上一节,我们透过再现说这个视角,审视了把艺术看作是对现实的模仿或再现的美学观念。这是一种相当古老的美学见解,但与之相伴的另一观念也有久远的历史,那就是**表现说**。在中国美学史上,表现说的种种形态不胜枚举,特别是在中国古典诗画理论中,有丰富的表现说资源。西方的情况有所不同,从古希腊一直到浪漫主义出现之前,在西方古典美学中模仿说和再现说一直处于统治地位。直到浪漫主义,特别是现代艺术的崛起,再现说的美学观逐渐受到了挑战,新的艺术实践也越来越倾向于表现说。于是,表现遂成为现代美学的一个重要范畴。当然,表现和再现的观念其实在不同文化的不同历史阶段都有不同的形态,只是有时再现说占据主导地位,有时表现说占主导地位,两者的互动构成了我们思考艺术嬗变的两极参照系。

下面,就让我们打开"表现"这扇窗户,去品味美学风景的另一番意味吧!

书艺之道

每个民族都有自己独特的文化个性，它往往就鲜明地体现在某种独特的艺术形态中。所以，艺术乃是民族特性的象征。

说到西方艺术，最先联想到的常常是希腊的雕塑、史诗和悲剧；说到埃及艺术，常想到雕刻、壁画和金字塔；至于非洲艺术，原始雕刻和面具是当然代表。每个民族都有自己代表性的艺术类型。那么，中国艺术如何？不消说，我们的抒情诗在世界上可算是首屈一指了，中国建筑也是风格独特，戏曲的民族特点更是彰明，国画迥异于西洋画，等等。我们可以找出许多代表中华文明所特有的艺术类型。但要说出一种中国所独有而且集中体现了中国美学特征的艺术，恐怕非书法莫属了。宗白华说得好："中国乐教衰落，建筑单调，书法成了表现各时代精神的中心艺术。"[①]李泽厚也认为，在中国文化史上，汉字形体逐渐获得了独立于符号意义的发展路径后，便出现了更加纯粹的线条美，它超越了彩陶的抽象几何纹样，演变成更加自由和多样的曲直运动和空间构造，表现出种种形体姿态、情感意兴和气势力量，"终于形成了中国特有的线的艺术：书法"[②]。

---

① 《宗白华全集》第2卷，安徽教育出版社1994年版，第203页。

② 李泽厚：《美的历程》，文物出版社1981年版，第40—41页。

书法作为一种独特的艺术,虽是汉字排列,却和识字关系不大;虽有文字意义,但主要不是为了传达文字意思;虽然书法中有一些模仿的象形,但它根本不是书法表现的主旨。那么,书法作为一种艺术的存在理由是什么呢?一言以蔽之——表现。关于这一点,宗白华说得十分精辟:

西晋大书家钟繇论书法说:"笔迹者界也,流美者人也,非凡庸所知。见万象皆类之,点如山颓,摘如雨线,纤如丝毫,轻如云雾,去者如鸣凤之游云汉,来者如游女之入花林。"这是说书法用笔也通于画意。唐代大书家李阳冰说:"于天地山川得其方圆流峙之形,于日月星辰得其经纬昭回之度。近取诸身,远取诸物,幽至于鬼神之情状,细至于喜怒舒惨,莫不毕载。"这是说书法取象于天地的文章,人心的情况,通于文学的美。雷简夫说:"余偶昼卧,闻江涨声,想其波涛翻翻,迅駃掀搖,高下蹙逐奔去之状,无物可以寄其情,遽起作书,则心中之想尽在笔下矣。"是则写字可网罗声音意象,通于音乐的美。唐代草书宗匠张旭见公孙大娘剑器舞,始得低昂回翔之状,书家解衣盘礴,运笔如飞,何尝不是一种舞蹈。中国书法是一种艺术,能表现人格,创造意境,和其他艺术一样,尤接近音乐的、舞蹈的、建筑的抽象美(和绘画、雕塑的具象美相对)。[①]

---

① 《宗白华全集》第二卷,安徽教育出版社 1994 年版,第 203 页。

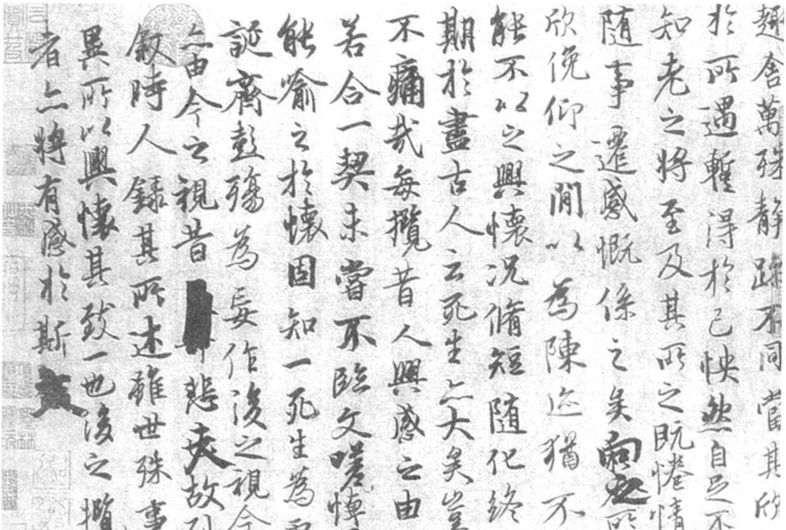

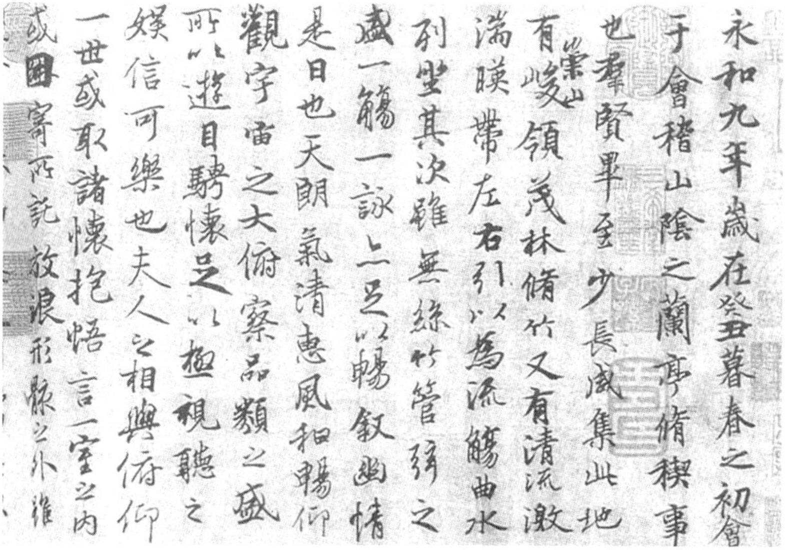
永和九年歲在癸丑暮春之初會
于會稽山陰之蘭亭脩稧事
也羣賢畢至少長咸集此地
有崇山峻領茂林脩竹又有清流激
湍暎帶左右引以為流觴曲水
列坐其次雖無絲竹管弦之
盛一觴一詠亦足以暢敘幽情
是日也天朗氣清惠風和暢仰
觀宇宙之大俯察品類之盛
所以遊目騁懷足以極視聽之
娛信可樂也夫人之相與俯仰
一世或取諸懷抱悟言一室之內
或因寄所託放浪形骸之外雖

图 40　王羲之《兰亭序》

书法作为中国艺术的典范,突出体现出中国艺术的**表现性**特征。有学者以书法为证,认为中国艺术由此偏重于表现,不同于西方艺术雕塑、绘画和史诗偏向于再现。更进一步,书法所代表的这种艺术表现性,不仅鲜明地体现在书法艺术中,而且广泛地蕴含在各门中国古典艺术之中。换言之,表现乃中国古典艺术所具有的共同特征,所不同的只是程度差异而已。"书法是一种艺术 ,能表现人格,创造意境。"这一表述道出了普遍的美学情由,那就是艺术总是和主体的精神世界密切相关。从艾布拉姆斯的艺术四要素理论来看,如果说再现论突出了艺术品与现实世界的逼真描绘关系的话,那么,表现论则以艺术品与艺术家的内心世界表达为重心;如果说再现论要解决的是外部客观世界的真实摹写的话,那么,表现论则突出了艺术品如何强烈地传达出艺术家的情感、观念或精神气质。

所以,透过"表现"这个视角,美学风景的另一个层面鲜明地呈现出来。

情感与艺术

表现是一个日常生活中的常用词。一个人工作尽职成绩卓著,你可以说他工作表现得很好;一个学生学习努力,成绩优异,你也可以说他学习方面表现得不错。一个人遇到高兴的事情,满脸笑容地哼起小曲儿,人逢喜事精神爽,你会说他表现得很开心;相反,一个人遇到悲哀的事,愁眉苦脸,打不起精神,你会说他表现得很低沉。由此可见,表现是我们日常生活中极为常见的现象。

从语义上说,表现指的是通过行为或事物来呈现什么;从心理学上说,表现是指内心的情绪状态通过外部动作或表情反映出来,比如喜怒哀乐都会有不同的表情和动作;从美学上说,表现这个概念涉及艺术家的内在精神状态如何通过特定艺术形式传达出来,这类论述在中国古典美学中俯拾即是。《毛诗序》的说法很有代表性:"诗者,志之所之也,在心为志,发言为诗。情动于中而形于言。言之不足,故嗟叹之;嗟叹之不足,故永歌之;永歌之不足,不知手之舞之,足之蹈之也。"[①]这句话的意思是说,诗歌是人**情感**志尚的表现,从内心的激动到发言为诗,就是一个由内向外的过程。如果诗歌不足以表达情怀的话,就慷慨感叹;如果仍不足以表达,便引吭高歌;还是不行的话,便手舞足蹈。这段话一方面说明,诗歌、音乐和舞蹈皆源于人内在的情志表达之需要;另一方面又表明,各种不同的艺术在表达情感的直接性和强度上有所不同,颂诗、嗟叹、永歌、舞蹈,似乎一个比一个更能表达情感意绪。中国古代艺术大都主张这样的情感表现美学观,无论诗歌词赋,抑或书法绘画,还是音乐戏曲。比如,用情感表现的尺度来评价臧否是中国古代诗

① 《毛诗序》,郭绍虞主编:《中国历代文论选》第1册,上海古籍出版社1979年版,第63页。

学常见的做法,而且情感的表达方式极富变化。南宋范晞文评述杜诗写道:

> 老杜诗:"天高云去尽,江迥月来迟。衰谢多扶病,招邀屡有期。"上联景,下联情。"身无却少壮,迹有但羁栖。江水流城郭,春风入鼓鼙。"上联情,下联景。"水流心不竞,云在意俱迟。"景中之情也。"卷帘唯白水,隐几亦青山。"情中之景也。"感时花溅泪,恨别鸟惊心。"情景相融而莫分也。"白首多年疾,秋天昨夜凉。""高风下木叶,永夜揽貂裘。"一句情一句景也。固知景无情不发,情无景不生。[1]

情景交融,一切景语皆情语,一切情语皆景语,情景名二实一,这是中国古典诗学的基本美学观。这也就是说,诗乃是情感的真挚表现,不但诗如此,一切艺术均是如此。

小资料:表现

表现是美学理论中一个关键概念——尤其是在浪漫主义的理论中;表现的理论由克罗齐和科林伍德做了最系统的阐述。那些把表现看作有重要解释作用的地方,艺术作品不仅仅描述或呈现了种种情感,它们更为直接地传达出艺术家非常特殊的内心状态和情

---

① 范晞文:《对床夜语》,转引自叶朗:《中国美学史大纲》,上海人民出版社1985年版,第296页。

感,因而使得欣赏者也能够体验到。对科林伍德来说,艺术家典型地是从他所体验到混乱的观念开始的:他的创造性劳作逐渐明晰了这种观念并使之确定下来。

然而,情感的传达和唤起对欣赏来说并不重要。确切地说,表现理论中真的确是被微妙地描述成情感特质的载体,即活生生的人类生命的"感受"——即是说,这些特质是"表现性的",这也是我们所以珍视它们的部分原因所在。但是,并非所有这些特质都令我们感兴趣,在艺术中,使我们感兴趣的所有特质也不都是表现。形式的价值是独特的和迥然异趣的,所以,观看尘世的别一种方式也就展现出来。

——《牛津哲学指南》,牛津大学出版社 1995 年版

从西方艺术角度看,表现说亦很有影响,特别是在现代艺术中。有人曾经问毕加索,他那些令人惊叹的作品是如何画出来的,如何用色,如何构图,如何修改。大师的回答十分简单:他是随着创作时情感的跌宕起伏的变化来选色作画的,色彩与情感之间有一种内在的关联。康定斯基的看法更是明确,他认为,艺术品是桥梁,它把艺术家的情感蕴含其中,然后再传达给欣赏者,使他们感受到同样的情感。所以,艺术的完整过程就是:情感(艺术家的)→感受→艺术品→感受→情感(观赏者的)。在他看来,情感的成功表现乃是艺术的真谛。(艺术家和观众)"这两种情感在成功的艺术作品中是

相似的和等同的。在这一点上,一幅画完全无异于一首歌曲——二者都表达和沟通了情感。成功的歌手能引起听众感情的共鸣,成功的画家也丝毫不会比他逊色。内在因素,即感情,它必须存在;否则艺术作品就变成赝品。内在因素决定了艺术作品的形式。"①

情感(或情绪)是人类最常见的现象。喜怒哀乐、七情六欲构成了我们生活的缤纷色彩。从哲学上说,情感是人理解世界的一种方式。我们在自己的行为中总是呈现出某种情绪状态,失败或失意导致否定的情绪,成功或实现则产生了肯定的情绪等。在这个意义上说,情感是我在世界上的一种样态,一种体验。有心理学家指出,情感是对感觉的主观补充,当感觉形成复杂的状态时,便会产生情感。情感具有特定的质和形态,它呈现为三个不同维向:1) 愉快—不愉快;2) 紧张—松弛;3) 兴奋—抑制。每一种情感都可以从这三个方面分析。

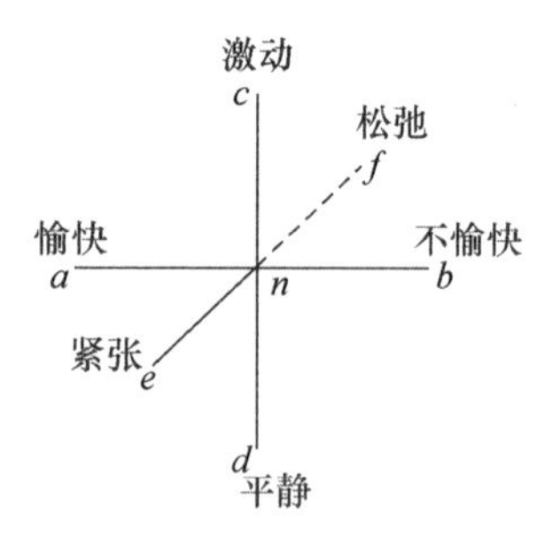

图 41 冯特的情感三度说

① 康定斯基:《论艺术的精神》,中国社会科学出版社 1987 年版,第 12 页。

小资料:情绪

显然,在英语中情绪(来自拉丁语“感动”) 意味着一个强烈情感的内在状态,它常常伴随着生理的变化。依据经典的行为主义,一个外在事件直接引起了情绪反应,这是先在的条件反射的结果;从认知疗法的观点来看,具有特定意义的事件决定了情绪反应;在精神分析理论中,情绪是所发生的一个内在刺激:一种冲动或无意识的欲望;人类学对情绪视野很开阔,从情绪社会的或公开的流露,到力图发现决定人性事物的心理学方法。

——《布鲁斯伯里人类思想指南》,布鲁斯伯里出版公司 1993 年版

情感虽是我们最常见的现象,但问题在于,艺术活动中的情感与日常生活中的情感有无区别呢？关于这个问题,历来存在着不同看法。心理学家主张没有区别,一切情感都是主体心理或生理的反应,都会导致一定的身心状态(呼吸、心跳、血压、面部表情等变化)。美学家的看法则有所不同,他们认为,艺术活动中的情感是一种形式化的、有距离的审美情感或幻觉情感。因为艺术的情境是一个虚拟的、想象性的情境,所以,在艺术中产生的情感不再是个体切身的、功利的情感。这一点很重要,惟其如此,在审美状态下,一切情感都不再是某个人的切身直接感受,而是带有相当程度的虚拟性和想象性。艺术中的情感经由某种艺术媒介来传达,一方面主体把它当作真实的情感来体验(无论是艺术家还是欣赏者),另一方面

又是有距离的,是欣赏性的,它在你心中造成一种幻觉。正是由于这些特性,艺术中表现的情感就超越了个体直接经验的情感,带有明显的开放性、共享性和距离感。也正是在这个意义上,我们可以在艺术中欣赏到人类的各种复杂情感,它们超越了个人情感生活的狭小范围。哲学家卡西尔说得很形象:

> 贝多芬根据席勒的《欢乐颂》而作的乐曲表达了极度的狂喜,但是在听这首乐曲时我们一刻也不会忘掉《第九交响曲》的悲怆音调。所有这些截然对立的东西都必须存在,并且以其全部力量而被我们感受:在我们的审美经验中它们全都结合成一个个别的整体。我们所听到的是人类情感从最低的音调到最高的音调的全音阶;它们是我们整个生命的运动和颤动。①

第二个问题是,情感在艺术活动中的表现属于主体、客体还是主客体范畴?"表现"这个概念至少说明了两个问题,第一,艺术家有某种需要表达的内心状态,无论是情感抑或思想;第二,既然是表现,就必须借助某种媒介来表现,所以不同于日常生活中的情感表现,我们称为艺术表现或审美表现。但是,艺术表现又总是和艺术品联系在一起的,因为并不是艺术家总是在场来表现,比如绘画或小说(表演艺术另当别论)。欣赏者与艺术家之间的交流是通过艺术品这个中介展开的。说表现也就是说艺术品表现了什么。情感

---

① 卡西尔:《人论》,上海译文出版社1985年版,第191页。

是人的一种内心状态和体验,但这种内心状态是摸不着看不见的,需要物化为具体的对象来呈现。从美学角度来说,不仅艺术品有表现问题,甚至自然也有表现问题。比如大江东去、旭日东升,表现了一种积极的、激动人心的气魄和力量;而秋风落叶、万象萧瑟,则表现了一种凄凉哀婉的愁情。第三章我们讨论的壮美和优美就体现在不同的自然景物中,这在中国许多古典诗歌中都有所表现。

说到艺术表现,美学中有不同的理论模式加以解释。比如移情说,它将艺术中的表现看作是主体情感投射到对象中所致。另一种形式说认为,艺术形式本身就带有情感色彩或表现性。第三种看法认为情感表现在艺术中是一个主客体相互关系的产物。这就可以看出解决艺术表现的三种不同方式:第一种思路是把艺术中的情感看成是主体的范畴,与客体无关;第二种看法是认为情感就在艺术品甚至自然现象中,因为作品本身已经构成一个独立的对象,这就转向了形式及其表现性研究。第三种思路是把情感视为审美意象范畴,意象并不单纯是主体或客体,而是在一种动态过程中主客体之间形成的"第三物",是从艺术家经由艺术品再到欣赏者的一个互动过程。艺术表现的情感在这个过程中来寻找和解释,显然更为合理。

第三个问题涉及艺术或审美情感的某些特性问题。在日常生活中,情感常常是一己偏私的,最隐秘、最奇特的情感往往是最具个性的。这就引出了一个矛盾。一方面,艺术家的情感是私密的,另一方面它又必须传达出来而具有普遍的共享性。如何来看待这个矛盾呢？美学上大致有两种看似对立的看法，一种认为艺术的情感应该是艺术家独特的、非同一般的情感，越是独特便越是具有审美价值。过于普通和常见的情感往往缺乏艺术上的感染力和新奇感，不符合美学要求。相反，另一种看法认为，过于奇特褊狭的情感往往丧失了审美传达的普遍有效性，变得怪异难解，因而无法被广大欣赏者所共享。换言之，普遍共享的通常是人类共通或共有的情感，是一些经过升华和提炼的普遍的情感类型。两种看法似乎都有道理，在不同的艺术作品中各有不同的证据。其实，这里两种看法并不矛盾，个性化的情感体验经过艺术的表现，可以升华到普遍共享的境地；在共享中我们仍能体会到不同艺术家那独特的情感体验和表达。在这个艺术的升华过程中，个性化的情感也获得了普遍性的特征。比如，《红楼梦》所描绘的生活显然是独特的，宝黛之间的爱情悲剧独具个性，但经过曹雪芹独特的艺术表现，这些原本独特的情感过程不再是特异偏私的了，而是转而成为人人都可以共享的一种情感体验状态。这里，重要的是情感如何被艺术地加以表现。

美学中的另一个争论是，艺术中的情感或审美情感应该是明晰的，还是朦胧的？对此也存在两种不同看法：一部分美学家主张，艺术的情感为了能使欣赏者理解，应该是清晰的和明确的，比如英国美学家科林伍德；而另一些美学家则认为，艺术的情感之魅力就在于其朦胧含混，这种模糊性和非明确性并不影响欣赏者的接受，反而使得欣赏更加隽永和耐人寻味，比如说美国美学家朗格。以诗歌为例，有的诗情感明晰确定，表达了诗人比较鲜明的内心状态；有的诗(比如所谓“朦胧诗”)则比较暧昧含混,情感并非单一明晰,但这同样也是好诗,读来意味无穷。看来,清晰也好,朦胧也好,都不是好诗的唯一条件。艺术本是一个巨大的容器,人类各种情感都可以在其中熔炼升华。重要的问题在于,艺术的情感不是杂乱的、无序的和粗糙的,它们在艺术表现的过程中被形式化了,提升到了可交流、可理解和可共享的程度。所以,艺术中的情感表现必然和艺术的形式问题纠结在一起,这也许就是情感的艺术表现的关键所在。

情感与形式

中国古代诗学认为,一切景语皆情语,景物描写总是对应着情感表现,所谓情景交融;毕加索的经验之谈表明,情感与色彩之间有某种默契协和。这些都说明,情感是通过物化的具体媒介来传达的,恰如喜怒哀乐有不同表情一样,复杂的艺术形式与情感亦有复杂的关联。

我们知道,人的脸和形体是最具表情性的,前面我们提到了中国古典美学中关于吟诗、嗟叹、永歌和舞蹈,最强烈地表达情感的也许是人的形体语言了,所以手舞足蹈在最后。人脸是人体中最具表情性的部分,日常经验告诉我们如何辨别脸部表情。心理学家把人的面部表情区分为三种状态:愉悦、中性和不快。

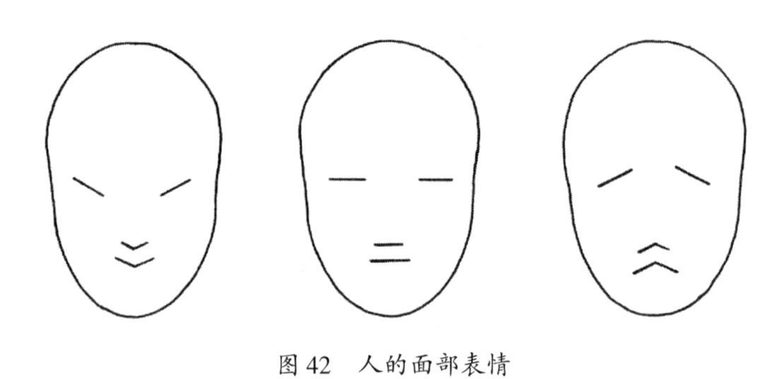

图42　人的面部表情

显然,人脸五官线条的不同倾斜方向,传达出不同的情感状态。当人愉悦高兴时,积极的情感性质使眼角和嘴角均向上提,而悲哀不快的消极情感状态正相反,眼角和嘴角则向下撇,而平行则表现了中性的不动情的状态。诚然,我们对面部线条变化的表现性的理解较多地依赖于日常经验和联想,但这至少说明,线条本身也有传达情感的功能。有一位美国学者曾做过一个有趣的实验,他想知道在舞蹈中,悲哀和欢乐的情绪是如何体现在形体动作中的。他要求一组舞蹈学院的学生,分别以悲哀、力量和夜晚等为主题,来即兴表演。结果发现,所有舞蹈演员在表现同一主题所展现的动作时具有高度的一致性。比如,在表现悲哀的主题时,所有演员的动作看上去都是缓慢的,每个动作的幅度都很小,而且动作造型往往呈现出扭曲的形态,张力较小。这些动作的方向很不稳定,不断变化,整个身体似乎是在自身的重力支配下运动,而不是在一种自主的力量支配下活动。于是,他得出了一个结论:"应该承认,悲哀这种心理情绪,其本身的结构式样在性质上与上述舞蹈动作的结构式样是相似的。一个心情十分悲哀的人,其心理过程也是十分缓慢的,……他的一切思想和追求都是软弱无力的,既缺乏能量,又缺乏决心,他的一切活动看上去也都好像是由外力控制着。”①

从以上两个例子来看,情绪好像和形体动作之间有着某种对应性。不仅是形体和表情,从美学上说,情绪与纯粹的形式因素本身之间亦有对应关系。惟其如此,所以艺术家在表达自己特定的情感体验时要选择相应的形式来传达。抽象绘画大师保罗·克利曾画过一个教学用的草图,以线条来传达悲哀不快的情绪,这幅线描草图典型地展示了压力导致的不安和不快。尤其是人物背部的曲线,在受到压力后呈现出弯曲状,与上述舞蹈表现悲哀情绪时动作大都扭曲的形态是一致的。

从更加广阔的美学视角来看,不仅像人的形体、面容的线条具有明显的表现性,甚至自然或无生命的事物也有某种情感表现性。如果我们细读一下马致远的《天净沙》,不难发现诗中所选意象似乎都有一种相似的情绪表现性,那就是都传达出一种愁苦凄凉的意绪:

> 枯藤老树昏鸦,小桥流水人家。古道西风瘦马。夕阳西下,断肠人在天涯。

---

① 阿恩海姆:《艺术与视知觉》,中国社会科学出版社1985年版,第615页。

图 43　克利《重负》

这首小令描写了浪迹天涯的游子的情怀，所选意象在情绪上带有明显的消极意味，诸如“枯藤”“老树”“昏鸦”“古道”“西风”“瘦马”“夕阳”“断肠人”等等，这些消极颓败的意象集合在一起，构成了一种特殊的诗意氛围，它控制整首诗总的情调和性质。如果把它与王昌龄《从军行》相比较，不难发现，后者的意象带有豪迈激壮的情怀，所选意象多粗犷有力、恢宏壮阔，进而构成一幅壮士的英雄豪气：

> 青海长云暗雪山，孤城遥望玉门关。黄沙百战穿金甲，不破楼兰终不还。

这表明，无论诗歌绘画，抑或音乐建筑，情感与形式之间的确存在着某种内在关联。所以古人云：“春山如笑，夏山如怒，秋山如妆，冬山如睡，四山之意，山不能言，人能言之。”（恽南田）还可以再举一个生动的例子。希腊建筑是“柱子的艺术”，多利克柱式带有崇高、粗犷和有力的风格特征。德国美学家李普斯发现，这种柱子结构从纵向看，自下而上逐渐变细，挺拔而有力，它托起建筑的门楣，结果构成了一种反抗重力的“向上升腾”的力量；朝横向看，重压之下，石柱不但没有瓦解散落，而且产生了一种“凝成整体”的坚实感。李普斯解释说，这实际上是一种“移情作用”，是欣赏者在观照这些对象时将自己的情感体验投射到对象中。依据这种理论，情感与形式之间的关系，本质上是从人到对象的情感移入过程。因之，审美的欣赏不只是对一个对象的欣赏,同时也是对自我的欣赏。因为我们在希腊多利克石柱中看到了人自身的伟岸和力量,看到了不断向上升腾的冲动。一切没有生命的物体所以给人以生命力洋溢的感受,所以充满活力,皆源于主体自身情感的移入。

当然,也有的美学家不同意这种看法,因为移情说完全忽略了对象形式自身的美学价值。为什么对多利克石柱会有这样的感受,而面对科林斯或爱尔尼奥柱式,就没有这样的体验呢?显然,从美学上思考这个问题,还必须深究形式与情感的复杂关系。这就涉及美学上著名的卡西尔—朗格的**情感形式**理论。依据这种理论,艺术本质是一种人类情感的表现,这种情感经过艺术的赋形而完成,在这个过程中艺术强化了人的情感和生命力,但它是通过赋予特定的形式来表现情感的。朗格认为,艺术的本质就在于这种情感形式,也就是生命的形式,所以,艺术乃是人类情感的表现形式。朗格写道:

> 艺术品是将情感(指广义的情感,亦即人所能感受到的一切)呈现出来供人观赏的,是由情感转化成的可见的或可听的形式。它是运用符号的方式把情感转变成诉诸人的知觉的东西,艺术形式与我们的感觉、理智和情感生活所具有的动态形式是同构的形式,正如詹姆斯所说的,艺术品就是"情感生活"在空间、时间或诗中的投影,因此,艺术品也就是情感的形式或是能够将内在情感系统地呈现出来供我们认识的形式。……

> 艺术形式是一种比起我们迄今所知道的其他符号形式更加复杂的形式。……我们这里所说的形式,就是人们所说的"有意味的形式"或"表现性的形式",它并不是一种抽象的结构,而是一种幻象。在观赏者看来,一件优秀的艺术品所表现出来的富有活力的感觉和情绪是直接融合在形式之中的,它看上去不是象征出来的,而是直接呈现出来的。形式和情感在结构上是如此一致,以至于在人们看来符号与符号表现的意义似乎就是同一种东西。正如一个音乐家兼心理学家说的:"音乐听上去事实上就是情感本身。"同样,那些优秀的绘画、雕塑、建筑,还有那些相互达到平衡的形状、色彩、线条和体积等等,看上去也都是情感本身,甚至可以从中感受到生命力的张弛。①

惟其如此,你才能在笔走龙蛇的书法中感悟到艺术的人格力量,才能在唐诗宋词中把握到诗人们生生不息的精神脉搏,才能在贝多芬《第九交响曲》中体会到人类完美和谐的博大胸怀,才能在凡·高的《向日葵》里体认到一种生命力的洋溢和激荡。因为艺术形式并不是孤立的和无意义的,它们深蕴着艺术家对世界的理解和体验,包容了复杂的情感质调,并强有力地透射出来,使欣赏者的心灵受到震撼。

这样的体会,你一定有过。仔细回忆一下,多少次,在艺术的表

---

① 朗格:《艺术问题》,中国社会科学出版社1983年版,第24—25页。

图 44　凡·高《向日葵》

达中你动过情;多少回,由艺术形式那强烈的情感冲动引起共鸣。这就是审美的奥秘、艺术的魅力!

情感的艺术表现

情感无处不在,表现司空见惯。但这里,我们关心的是情感的艺术表现,或者说艺术的情感表现,它与日常生活中的情感表现有所不同。情感的艺术表现,指的是情感不是体现在日常的形态中,而是呈现在艺术作品之中,通过艺术的手段来表现。所以,这种情感表现是艺术化的,有艺术性的。艺术的情感表现,还指的是所表达的情感,不再是粗糙的、混乱无序的原始情感,而是经过艺术化的或艺术的形式化的情感。所以朗格才说艺术是人类的情感形式。

英国浪漫派诗人华兹华斯认为,诗是强烈情感的自然流露。这个浪漫主义的信条不仅可以用于描述诗,而且适用于一切艺术。但是,强烈情感是如何在诗中自然流露呢?其实,在艺术创造过程中,有许多值得深究的现象。显然,情感的艺术表现决不像日常生活中,你我有了喜怒哀乐,立即在行为或表情或动作中呈现出来。既然是艺术的情感表达,就有艺术化的要求。而这些要求不可避免地对情感本身提出了要求。换言之,情感如何融入作品之中,自有不少门道。

首先,我们碰到的问题是,艺术家如何调整自己的情感以适于艺术创造。虽然我们说艺术的情感不是一种直接的切身的情感,它是经由艺术媒介展开的想象性情境中的情感,但对艺术家来说,他如何将自己在日常现实中真切的情感转化为艺术的情感呢?有几个现象引起我们对这一问题的关注。第一,有很多艺术家都说过这样的话,他们在情感异常激动时无法进行创作。所以,创作的最佳时机并非激情澎湃之时,而是等激情逐渐退去,在宁静的回忆中进入创作。华兹华斯这样叙说了他的创作经验:"我曾经说过,诗是强烈情感的自然流露。它起源于在平静中回忆起来的情感。"[①]柴可夫斯基也说过相同的话,他的许多作品都是在一种"追忆"的状态下完成的。在中国古典美学中,有一种强调艺术创作时必须"虚静"的理论,所谓"虚静",亦即内心必须澄明虚空,平静而安宁,如古诗所云"空故纳万境"。这就是说,心里挂念的东西太多了,过于激动或波动,是不利于艺术创作的。这表明,对艺术创造来说,并不是任何情感状态均可进入创作佳境,情感需要一定的沉淀、间离和淡化。

第二,心理学的发现也证实了上述看法。心理学在考察人的情绪状态的不同强度与操作效率之间的关系时,发现一个重要的规律,过于强烈的情绪会妨害工作的操作效率。相反,并非有些美学理论所声称的,情感越强烈,形象越鲜明,艺术创造效果越好。处于一种"**心境**"(即温和的中等强度的情绪状态)时才最有利于提高操

① 《十九世纪英国诗人论诗》,人民文学出版社 1984 年版,第 22 页。

作的效率。这就意味着,适合艺术创造的情感是经过沉淀和间离的情感,而非当下的直接情感。第三,在情感与形式和技巧之间,也存在着复杂的张力。有美学家注意到,在艺术创造过程中,情感与技巧是一对矛盾。情感是一匹脱缰的野马,不听任何管束和限制;而艺术技巧则是一系列的规则和范式,是固定的,甚至不变的。所以两者之间便出现了矛盾。一方面,情感要突破技巧的束缚和限制,伸展其自由不羁天马行空的本色;另一方面,技巧是一系列的具体的规则和做法,它又反过来力图驾驭和制约着情感,使之不致成为破坏性的力量。这个矛盾在任何艺术家那里都存在,只不过表现得程度不同而已。高明的艺术家总是能在艺术创作中把握好两者之间的张力,既不使得情感变成技巧的奴仆,又不至于放纵情感而破坏技巧。所以,情感的艺术表现就需要对情感本身加以调适。也正是在这个意义上,我们说艺术的情感不同于日常情感,它是经过调整和形式化了的情感。

当然,历史上也有一些极端的情况,特别是在一些即兴性很强的艺术创作形式中,艺术家仿佛根本不顾技巧,而是一味放任情感的宣泄流淌,一气呵成,绝无技巧之管束。在书法艺术中这种现象就不少见。相传张旭草书多在大醉后的迷狂状态下写出,毫无羁绊之累。杜甫《饮中八仙歌》诗云:“张旭三杯草圣传,脱帽露顶王公前,挥毫落纸如云烟。”《新唐书》也记载道:“……每大醉,呼叫狂走,乃下笔,或以头濡墨而书,既醒自视,以为神,不可复得也。”这种比较极端的状态表明,艺术家此刻已达到了高度纯熟的技巧状态,恰如有的诗人所言,最高的技巧是看不出技巧。他已将自己的情感彻底融入了技巧之中,在技巧和情感之间已不存在任何裂隙和矛盾,也即石涛所说的“至人无法”。所谓“无法”,并非“无法”可依,而是超越了平庸刻板的技法,达到了更高的境界。在这个境界中,情感扮演了非常重要的作用。

艺术家在创作过程中常常处于某种复杂的情感状态,这表明,艺术活动不同于其他活动,它需要一定的情感介入。如果说科学活动或其他日常活动需要人们冷静和理性的行为的话,艺术则不然,它更加倾向于一种情感表现性。于是,在创作过程中,情感的作用便显得尤为重要。就艺术家个人来说,艺术创作使其经历了一个双重过程:一方面,他通过构思表达,借助艺术媒介的经营,强有力地表现了自己的情感;另一方面,在表达自己的情感过程中,在物化了的艺术媒介中,他又再次深刻地体验了所表达的情感。在创作过程中,情感表达和情感体验合二为一了。我们可以用中国古代美学中的“情景说”来阐释这个原理,依据“情景说”,“景以情合,情以景生,初不相离,唯意所适”。“景中生情,情中含景,故曰,景者情之景,情者景之情。”(王夫之语)[1]在写诗过程中,诗人创造了景语,将自己的情感体验转化为意象描绘;然而,这种转化的过程又在更高的层面上实现了转化,即当他写下景语时,因为景者情之景,所以诗人反过来又再次体验了他所表达的情感。这表明,艺术的情感表现

① 转引自叶朗:《中国美学史大纲》,上海人民出版社1985年版,第457页。

具有双重目标,除了传达给更多的欣赏者之外,艺术家自身也成为其情感表达的体验者。这么来理解,艺术史上一些看似费解的问题便迎刃而解了。比如,荷兰画家凡·高一段时间里为自己画不出理想的黄色而烦恼,甚至想到了自杀。或许我们可以推测说,凡·高对心中理想黄色的追求,其实是和特定的情感体验密切相关的。理想的黄色其实正是一种画家意欲表达并再次体验的某种情感状态。在这里,色彩与情感已经融为一体了,没有找到理想的黄色,也就是没有体验到理想的情感状态。在这个过程中,情感逐渐脱离了原始粗糙的状态,与艺术形式融会贯通,这既是情感的强化过程,又是情感的升华和熔铸过程。随着创作进程的展开,艺术家不断地加深了自己对情感的体认和理解,因此,从这个意义上说,艺术的情感表现绝不是一个简单的还原过程,不是回到原初的情绪状态,而是不断发展升华的过程,是发现和融汇的过程,也是深化艺术家自己对情感理解的过程。

至此,我们可以得出一个结论,艺术家不只是精通技巧的大师,他同时还是敏于情感体验及其表达的人,缺乏这一点,也许就缺乏了重要的“艺术气质”。在华兹华斯眼中,真正的诗人该是怎样的呢?

> 诗人是以一个人的身份向人们讲话。他是一个人,比一般人具有更敏锐的感受性,具有更多的热忱和温情,他更了解人的本性,而且有着更开阔的灵魂;他喜欢自己的热情和意志,内

在的活力使他比别人快乐得多;他高兴观察宇宙现象中的相似的热情和意志,并且习惯于在没有找到它们的地方自己去创造。除了这些特点之外,他还有一种气质,比别人更容易被不在眼前的事物所感动,仿佛它们都在他的面前似的;他有一种能力,能从自己心中唤起热情,这种热情与现实事件所激起的很不一样。……他……能更敏捷地表达自己的思想和感情,特别是那样的一些思想和感情,他们的发生并非由于直接的外在刺激,而是出于他的选择,或者是他的心灵的构造。①

表现和表现主义

当你初步了解了什么是艺术的表现之后,便可以从美学上进一步将表现与再现问题联系起来。在美学上,表现和再现可以转换为一系列相近的对应概念,诸如写实对写意、古典与浪漫,等等。从艺术的四要素来看,再现和表现是各有侧重。依据艾布拉姆斯的艺术四要素结构,再现所突出的是艺术品与现实的关联,以及艺术如何真实地描摹现实;而表现则另有侧重,它强调的是艺术品与艺术家之间的关系,亦即艺术品如何表现出艺术家的情感世界。历史地看,西方美学的发展有一个从再现(模仿)论向表现论历史转变的

① 《十九世纪英国诗人论诗》,人民文学出版社1984年版,第14页。

过程。这个转变也就是从关注艺术与现实的关系,转向关注艺术与艺术家精神世界的关系。艾布拉姆斯对表现论的特征做了如下概括:

按照这种思维方式,艺术家本身变成了艺术品并制定其标准的主要因素。我将把这种理论称为艺术的表现说。……表现说的主要倾向大致可以这样概括:一件艺术品本质上是内心世界的外化,是激情支配下的创造,是诗人的感受、思想、情感的共同体现。因此,一首诗的本原和主题,是诗人心灵的属性的活动;如果以外部世界的某些方面作为诗歌的本质和主题,也必须先经过诗人心灵的情感和心理活动由事实而变为诗。诗的根本起因不像亚里士多德所说的那种主要由所模仿的人类活动和特性所决定的形式上的原因;也不是新古典主义批判所认为的那种意在打动欣赏者的终极原因;它是一种动因,是诗人的情感和愿望寻求表现的冲动,或者说是像造物主那样具有内在动力的"创造性"想象的迫使。①

一般认为,浪漫主义是表现论的现代形态,无论是浪漫主义的诗歌,抑或绘画和音乐,都把体现艺术家想象力、情感和观念当作艺术的宗旨,这就摆脱了传统的再现论囿于艺术与现实的相似关系的限制。这种倾向的进一步发展,到19世纪末20世纪初,便出现了

---

① 艾布拉姆斯:《镜与灯》,北京大学出版社1989年版,第25—26页。

图 45　蒙克《焦虑》

席卷西方世界的**表现主义**潮流。

表现主义可以说在诸多方面彻底地贯彻了表现论的美学观,并将这一美学观发挥到了登峰造极的地步。表现主义是艺术上的一种思潮或流派,它最初出现在德国。“表现主义”这个概念由德国艺术批评家瓦尔登率先提出,用以描述柏林的一个先锋派艺术团体“狂飙派”(Der Sturm),突出了这一流派和法国印象主义鲜明对立的艺术倾向。后来,这个概念被广泛地用以说明艺术中这样一种倾向,它强调的不是客观地再现现实世界本身,而是突出艺术家对现实的主观反应和内心的情绪状态。这里一个核心的区别在于,再现论的各种艺术形式来自所模仿的或再现的实在世界,而表现论所凸显的形式则更多地来自艺术家对这个现实世界的主观反应和理解。今天,表现主义通常是指那些带有强烈非写实和变形特征的艺术倾向。它发展到极端,抽象主义便应运而生。在抽象主义艺术中,任何具象的熟悉的物象都被降低到最低限度,画面上充满了新奇古怪的线条和形状,完全是艺术家主观世界的折射和映现。

这里,我们来欣赏一下德国表现主义画家科科施卡的作品《自画像》。这幅作品作于1917年,他心爱的女人阿尔玛离他而去,和包豪斯学院的院长格罗庇乌斯结婚了。这给了画家极大的打击,使之处于极端的沮丧和忧郁之中。这幅画便是这时画就的。在风格上我们可以强烈地感受到,画家的情绪通过那撼人心力的急速而有力的笔触鲜明地传达出来,尤其是画家身穿的上衣那卷曲狂放的笔触,透露出画家内心世界的波澜和不平。在这幅画中,画面不再追

图46　科科施卡《自画像》

求再现的光、色、形的造型准确性和空间关系,毋宁说画面想要极力强调画家的主观反应。黑暗背景与前景的人像构成强烈反差,两只手不安地摆在胸前,急促的笔触带有明显的震颤和紧张效果,把我们的注意力带入画家深邃的精神世界。如果我们把这幅画和古典主义画家的自画像稍加比较,可以强烈地感受到表现主义艺术的特色和美学观念。

小资料:表现主义(expressionism)

表现主义这个概念主要和视觉艺术关系密切,用以说明那些突出情绪效果而运用夸张和变形的艺术倾向。从广义上说,表现主义可以指任何将主观情感置于客观观察之上的艺术,这种艺术反映了艺术家的精神状态,而不是我们可以在外部世界看到的种种形象。16 世纪的画家格鲁瓦尔德和格列柯,通过变形的、人为的形式传达出强烈的宗教情绪,他们的绘画是这个意义上表现主义的典范。从狭义上说,表现主义这个概念是用于欧洲现代艺术中的某种广泛的潮流,它可以追根溯源地在凡·高那里找到起源,凡·高的绘画富有情绪性地运用色彩和线条来“表现……一个人强烈的激情”。表现主义体现出一种对 19 世纪艺术的自然主义的反叛,它坚持艺术家个人情感的极端重要性,这已成为 20 世纪审美态度的重要根基之一。其他带有表现主义特征的艺术形式的代表,还包括音乐中伯格和勋伯格的早期作品,陀思妥耶夫斯基和卡夫卡的小说等。在戏剧方面,表现主义运动大约在1910年兴起于德国,在凯塞尔和托勒的戏剧中也得到了充分的反映。表现主义戏剧主要是抗议当代社会秩序的一种戏剧。

——《牛津平装百科全书》,牛津大学出版社1998年版

关键词:

表现　表现主义　表现性　情感　情感形式　心境

延伸阅读书目:

1. 钱钟书:《诗可以怨》,载钱钟书:《七缀集》,上海古籍出版社1985年版。
2. 朗格:《艺术问题》,南京出版社2006年版。

风景七

有意味的形式

艺术品中必定存在着某种特性，离开它，艺术品就不能作为艺术品存在；有了它，任何作品至少不会一点价值都没有。这是一种什么性质呢？什么性质存在于一切能唤起我们审美感情的客体之中呢？什么性质是圣索非亚教堂、卡尔特修道院的窗子、墨西哥的雕塑、波斯的古碗、中国的地毯、帕多瓦的乔托的壁画，以及普桑、德拉、弗朗切斯卡和塞尚的作品中所共有的性质呢？看来，可做解释的答案只有一个，那就是“有意味的形式”。在各种不同的作品中，线条、色彩以某种特殊方式组成某种形式或形式间的关系，激起我们的审美感情。这种线、色的关系和组合，这些审美地感人的形式，我称之为有意味的形式。“有意味的形式”，就是一切视觉艺术的共同性质。

——贝尔：《艺术》

从思考杜尚的挑战开始,我们已经分别审视了美学关于艺术种种探索的路径,从这些不同的路径出发,我们进入了美学关于艺术本质思考的不同风景。但问题到此并未结束,我们的思绪仍在延伸,美学的风景也在我们面前延伸,又一个新的风景呈现在我们的面前。

以上各章节的讨论大都涉及一个美学的关键词——**形式**,无论是从再现与媒介关联的角度,抑或从情感表现的形式角度,都对这一概念有所分析。现在我们的思路需要向纵深挺进,透过形式这个"窗口",去观赏别一种美学的风景。或许,这是一个你想知晓的新问题。在美学转向艺术的现代趋势中,形式的意义远远超出了古典美学的范围,成为吸引美学家注意力的焦点论题。你一定想知道这方面的进展如何,下面就让我们进入艺术形式的世界吧。

形式的意味

一团杂乱无形的泥胎,在雕塑家手里,变成栩栩如生的各式塑像;形状各异的树根,经过根雕艺术家发现和整理,变成风格独特的造型艺术品。这些艺术家有什么化腐朽为神奇的秘诀?从原初的混乱无序状态,到形式完美的艺术品,其间发生的变化有何诀窍可寻?达·芬奇说过,雕塑和绘画不同,前者创作过程是用的"减法",是一个逐渐减少的过程,后者用的是"加法",是一个逐渐增加的过程。因为雕塑是从现有的石块上凿去不需要的部分,留下所需的部分,所以是做"减法";反之,绘画是在空白的画布上一点一点地添加颜色,构成绘画作品,所以是做"加法"。那么,雕塑家是如何做"减法"呢?画家又是如何做"加法"呢?

从美学上看,艺术的创造过程是从艺术家对现实世界的观察感悟,到内心酝酿和构思,再到诉诸艺术媒介的外化表达,它是一个由外至内,再由内到外的过程。如果选用一个中国美学的传统术语来描述,"赋形"这个概念也许是最准确不过的了。艺术就是一个艺术家不断"赋形"的过程,从散乱无形的泥胎到造型完美的雕塑,从混乱的树根到完整的根雕艺术品,都是这样的"赋形"过程。这么来看,艺术就是一个从无形到有形的构形过程,是一个从混乱到秩序的组织过程,是一个将杂多融汇为统一的转变过程。这个过程的重要一环就是“赋形”,所以艺术家也就是形式的发现者和创造者。

有人说,艺术家有化腐朽为神奇的本领,原本平平常常的东西,到了他们手里,便不再平常,而是变得意趣盎然富有诗意了。比如,用日常语言描述大街景象,车辆驶过,人群熙攘,但心中仍不免寂寞。这种日常语言的日常叙述太稀松平常了,可是到了诗人那里,语言经过提炼,句子经过排列,一种新的艺术形式便诞生了。不信,读一读废名的小诗《街头》:

> 行到街头乃有汽车驶过,
>
> 乃有邮筒寂寞。
>
> 邮筒 PO
>
> 乃记不起汽车的号码 X
>
> 乃有阿拉伯数字寂寞
>
> 汽车寂寞
>
> 大街寂寞
>
> 人类寂寞

动的汽车与静的邮筒,所构成的街头印象,在诗人心中唤起一种寂寞,尽管街头纷纷攘攘,寂寞却始终伴随着诗人。驶过的汽车是寂寞的,喧嚷的大街是寂寞的,人们也是寂寞的。这与其说是外部世界的寂寞,毋宁说是诗人内心的寂寞。看似平常的语言经过精心组合,构成富有诗意的形式。中国诗人如此“赋形”,西方诗人又如何？我们不妨再来赏析一首小诗：

大街
大街和花朵

花朵
花朵和女人

大街
大街和女人

大街和花朵和女人
和赞叹者

这首看似简单的小诗里，有一个复杂的循环拓展的形式，由大街逐渐引发出越来越多的意象，从而将一幅街景——大街、女人、花朵和赞叹者——完整勾画出来。诗中并无具体的细节刻画，反倒有点像中国古诗的意象叠加，层层递进，构成一个完整的诗意境界。全诗通过赞叹者的眼光来描述，以赞叹者的口吻来吟咏，读来让人兴味盎然，浮想联翩。

其实，诗意往往是平常的语言素材经由不常见的“赋形”而变幻出来的。诗歌的分行排列和意象组合，这些形式手段超越了日常语言的平庸琐屑，把想象力提升到另一个境界，彰显出艺术的神奇魅力。顾城的小诗《感觉》又是一例，极其简约的语言素材，经由诗人别具匠心的安排，连日常语言中令人厌烦的重复也变得富有意蕴了。

图 47　巴黎街景

天是灰色的

路是灰色的

楼是灰色的

雨是灰色的

在一片死灰之中

走过两个孩子

一个鲜红

一个淡绿

无独有偶,著名画家吴冠中也有一幅绘画小品《伴侣》,虽不是用语言,却也传达出相同的意趣。画面上是极其简单的背景,一些离散的横向线条,吸引视觉注意力的是两块看似随意涂抹的色块,"一块鲜红","一块淡绿"。倘使这样的色块不是精心安排在如此结构中,倒也见不出什么意味。然则,一旦经过画家摆弄,便构成独特意义:是两条小鱼儿?还是两只蜻蜓?匠心独运的形式,给人以无穷联想。画家对此感慨道:"寂寞啊,寂寞无声,寂寞无形,寂寞留给人们细细咀嚼,品味,那是人生的真味。逝者已矣,留下寂寞;前途茫茫,而今寂寞。寂寞在时空中没有定位,她飘忽,飘到人们面前,但并不给予慰藉,她又飘去了,使你更感寂寞无边岸。朦胧的太空,无定形的线之流逝,忽然出现了伴侣,是红与绿的相伴,相恋,她

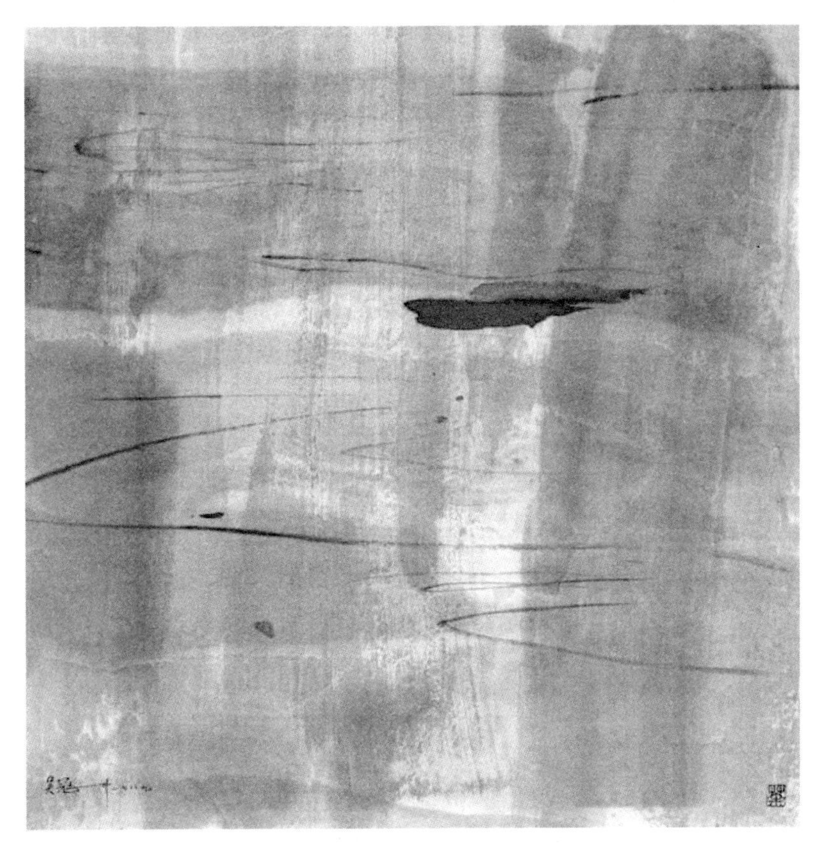

图48　吴冠中《伴侣》

们在太空穿行,她们暂时忘却了寂寞,她们是寂寞滋生的昙花。”[1]

这两块极其普通的色彩,为什么在画家那里变得如此具有诗意,又引发出如此丰富的联想,进而唤起某种情感体验?看来,简单的形式因素在艺术中具有很不简单的作用。试想一下,假如这两个色块是墙上的两个斑点,假如是桌面上的两块花纹,它们显然没有画面上那种视觉吸引力,也缺乏唤起人们想象力的功能,恰如烹饪材料虽简单,一经烹调加工便美味可口一样,极平常的色彩在《伴侣》中变得不平常了。因为它们被组合进一个形式的框架之中,因而带有别样意味,艺术的诗意和魅力由此散发出来。

难怪古往今来的美学家都相当重视形式范畴,将形式视为审美观照和艺术创造的核心概念之一。德国哲学家卡西尔关于形式有很好的论述,他写道:

> 艺术家是自然的各种形式的发现者,正像科学家是各种事实或自然法则的发现者一样。各个时代的伟大艺术家们全都知道艺术的这个特殊任务和特殊才能。列奥纳多·达·芬奇用“教导人们学会看”这个词来表达绘画和雕塑的意义。在他看来,画家和雕塑家是可见世界领域中的伟大教师。因为对事物的纯粹形式的认识绝不是一种本能的天赋、天然的才能。我们可能会一千次地遇见一个普通感觉经验的对象而却从未“看

---

① 吴冠中:《画外话·吴冠中卷》,人民文学出版社1999年版,第15页。

> 见”它的形式;如果要求我们描述的不是它的物理性质和效果,而是它的纯粹的形象化的形态和结构,我们就仍然会不知所措。正是艺术弥补了这个缺陷。在艺术中我们是生活在纯粹形式的王国而不是生活在对感性对象的分析解剖或对它们的效果进行研究的王国中。[1]

既然艺术形式有如此重要的作用,那么就需要进一步追问:何谓艺术形式?这个概念的内涵和外延是什么?形式在艺术创造和审美欣赏中有哪些作用?

“形式”这个词是日常生活中使用频率很高的常用词,在日常生活中所谓“形式”是指事物的形状、结构和组织安排等。进一步,就形式的复杂意义而言,一个事物的形式还含有内形式和外形式两个不同的层面。一般来说,内形式是指事物的内在结构和框架,而外形式则是指事物可见的外部形态和样式。从美学角度看,形式主要是指艺术作品的结构、要素关系和外在形态。《美学百科词典》的解释是:“形式作为美学的一个术语,意指一个艺术品的知觉要素,意指要素间的诸关系。”[2]

在西方美学中,形式概念的起源可谓十分久远。在希腊美学中,亚里士多德就系统地阐发了悲剧的形式概念。在亚里士多德看

---

① 卡西尔:《人论》,上海译文出版社1985年版,第183页。

② *Encyclopedia of Aesthetics*, New York: Oxford University Press, 1998, Vol. 2, p. 213.

来,形式是事物的形式或模型,它揭橥了事物的本质和特性,规定了事物的整体和结构。他在讨论悲剧时就专门分析了悲剧的六个成分——情节、性格、言词、思想、形象和歌曲,大都属于形式的范畴。"悲剧是对一个完整而有一定长度的行动的模仿",它有"头"、"身"和"尾"。所以,亚里士多德认为:"一个美的事物——一个活东西或一个由某些部分组成之物——不但它的各部分应有一定的安排,而且它的体积也应有一定的大小;因为美要依靠体积与安排。"①亚里士多德还讨论了一系列艺术形式的美学原则,诸如整一性、结构安排、多样统一等等。在中国美学中,关于形式的美学思想也极其丰富。特别是关于诗学风格的种种理论,这里从略。

至此,你也许会问:在美学理论中,艺术形式的概念究竟有哪些含义?这正是下面要讨论的问题。

小资料:艺术形式

在批评中,形式这个术语是指与其总体效果相关的一部艺术作品的各主要部分的组织。意象的形式是指作品中诸多意象的内在关系。观念的形式是指作品思想的组织和结构。

批评家采用的一种常见的区分是形式和内容,形式是用来表达内容的模式、结构或组织。类似的区分通常是传统形式和有机形式,这也就是柯勒律治所说的机械形式和内在形式的区别。另一种

---

① 亚里士多德·贺拉斯:《诗学·诗艺》,人民文学出版社 1962 年版,第 25 页。

区别这一差异的方式,是把“传统”形式视为再现了某种先于作品的内容和意义的理想的模式或形态,而有机形式则呈现为由于其作品的内容和意义而发展起来的模式或形态。“传统”形式预先假定了组织或模式的某些特征,它们必须出现在作品中,通常被用作考察艺术作品主要的长处,一个主要的范畴乃是统一性。有机形式则宣称每首诗(恰如里德所言)都有“自己内在的法则,它随着其内在法则的发明应运而生,并以一种充满活力的统一来融合结构和形式”。

形式通常也被用来指一种文体和另一种文体相区别的共同属性。在这个意义上,形式成为一个抽象的概念,它描述的不是一部作品而是许多作品共有的特质。

——《文学术语手册》,麦克米兰出版公司 1986 年版

我们可以从与形式相关的概念入手来把握形式的内涵。在我们的日常语言用法中,形式首先与内容相对。换言之,形式是外在的形态,内容是内在的意义。形式是外在的、感性的,直接作用于审美主体(艺术家或欣赏者)的感官,而内容则是经由形式才能把握到的内在思想和观念。比如一段音乐的旋律,它反映了作曲家的情感和思想,但它是通过一定的音符的结构形态而作用于听众的。我们首先听到的是音符及其进行,尔后才进入对其内容的理解和阐释。这是形式的第一个意义。

其次,形式又经常和要素或因素等概念相关。在这个意义上,形式与结构的概念比较接近。所谓形式通常是指对各种构成因素的安排和构架。原本零散杂乱的材料,经由一个结构或形式的安排,便构成了一个和谐完整的统一体。在这里,形式与要素相对,起到了整合、统一和结构的功能。例如,在文学创作中,形式就体现为如何安排具体的语言材料,诗歌中的分行排列,韵律和节奏,意象和主题等等要素如何形成一个完整体;而小说中,故事情节如何安排,是采用顺叙还是倒叙,人物关系和性格冲突如何组织,叙述视点如何设计等,都是这种意义的形式的体现。如果说与内容相对的形式的第一层含义,突出了形式和内容外和内的关系的话,那么,这第二层与要素相对的形式含义,则强调了形式的整体和部分关系。换言之,第一层含义凸显了艺术形式的外在感性层面,第二层含义则彰显了艺术形式的统一完整的结构层面。这两种基本意义也可以看成前面说到的外形式和内形式的区别。

再次,严格地说,形式这个概念不仅是指作为审美对象的艺术品的外在形态或内在结构,而且是一个与主体相关的范畴。所谓与主体相关,是指艺术形式不但呈现审美对象中的物化的具体的形态或结构,它同时也是指艺术家或欣赏者对对象的这些特质的把握。在美学上,我们通常使用的概念是所谓“形式感”。形式感是指审美主体对外在对象把握上的某种心理机能,简单地说,我们对各种形式美的体验就依赖于形式感,从最简单的平衡、对称,到复杂的结构形态等。英国心理美学家瓦伦汀发现,形式感在审美过程中是十分重要的，它制约着我们对特定对象的审美判断。比如下列两个图形，在瓦伦汀的实验中发现，大多数欣赏者认为图B较图A更使人愉悦，因而更招人喜爱。

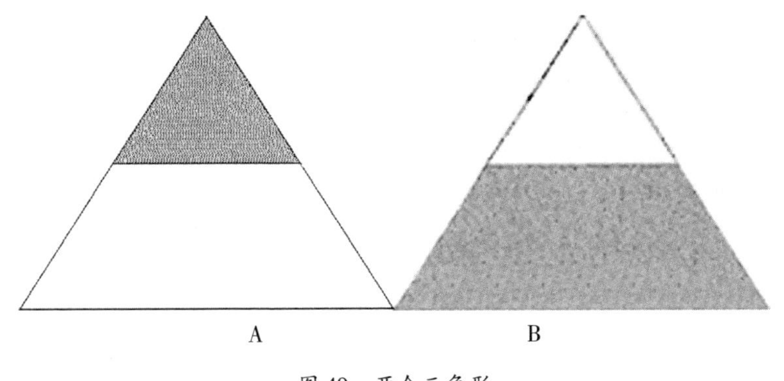

图49　两个三角形

这个简单的试验表明，人们对不同对象的判断是受到其形式感的支配的。在这一个案中，人们更喜欢B而不是A，一个可能的原因是日常生活中的“重力原则”或“重量原理”在起作用，即较深的颜色总是和较重的物体关联，而较浅的颜色则与较轻的物体有关。按照重力原则，重的深色物体作基础显然符合我们的日常经验，典型的形态如雪山，白色（轻色）在上，赭石或青绿（重色）在下，这些日常经验已经变成了人们的形式感。如果我们对绘画作品稍加分析，便会发现这个形式原则是普遍适用的，无论是油画还是国画基本上都遵循了“重力原则”。哲学上有一种看法认为，形式是我们据以理解世界的范畴，没有它，客观世界将是无法理解的。从绘画角度说，这种说法有相当道理。美术史家注意到一个事实，当画家去画无时无刻不在变化的云彩时,是无法亦步亦趋地模仿写生的。研究发现,画家所采用的多半是一种投射,亦即将某种绘画的图式透射到云彩中去,进而把变化多端的云彩当作各种几何形状来把握。这表明,形式感对于我们理解实在世界和艺术是相当重要的,没有这些形式感,也就不存在审美欣赏。一个有创造性的艺术家,一个有较高审美趣味的鉴赏家,都是具有敏锐形式感的人,而形式感就是他们的审美能力和趣味的表现。反之,缺乏审美经验的人,缺少艺术训练,他们的形式感必然较差。在这个意义上说,审美教育的一个重要任务就是不断提升个体的审美鉴赏力,其中不可或缺的部分就是形式感。

有意味的形式

英国美学家贝尔曾在《艺术》一书中问道:是什么使得圣索菲亚大教堂、卡特尔修道院的窗户、墨西哥雕塑、波斯的古碗、中国的地毯、乔托的壁画、普桑或塞尚的作品具有某种共同的性质?正是这个东西使得它们具有审美价值,对欣赏者产生某种特殊的情感体验。贝尔的回答是:"看来,可做解释的回答只有一个,那就是'有意味的形式'。在各种不同的作品中,线条、色彩以某种特殊的方式组成某种形式或形式间的关系,激起我们的审美情感。这种线、色的关系和组合,这些审美地感人的形式,我称之为**有意味的形式**。

‘有意味的形式’就是一切视觉艺术的共同性质。”①

诚然，任何艺术都需要形式，但是，是否可以说，任何形式都是有意味的形式呢？在贝尔看来，艺术的形式是艺术家用来传达其审美情感的，于是，形式与审美情感之间有某种对应关系；同理，当这些审美情感被熔铸于特定的艺术形式之中后，它们便会唤起欣赏者相应的审美情感。如果你欣赏陶潜的田园诗，王羲之的书法，八大山人的绘画，贝多芬的音乐，或是摩尔的雕塑，的确可以感悟到某种独特的审美体验。这类体验是在其他事物中无法得到的。因为根据贝尔的观点，艺术品正是因这种有意味的形式而获得了美学价值。“一切艺术问题（以及可能与艺术有关的任何问题）都必须涉及某种特殊的感情，而且这种感情（我认为是对终极实在的感情）一般要通过形式而被直觉到。然而，这种感情从本质上说来还是非物质的，我虽然无绝对把握，也敢断定：这两个方面，即感情和形式，实质上是同一的。”②

这里，贝尔强调的是形式与审美情感的同一性。这个问题前一节我们已经有所讨论。这里，我们是从形式角度来进一步阐释这一关系。就最简单的形式因素，比如说线条或形状来说，线条或形状并不是死气沉沉的，而是带有某种情感表现特性和象征意义，有人曾对它们做过精彩描述：

---

① 贝尔：《艺术》，中国文联出版公司1984年版，第4页。

② 同上书，第45页。

图 50 康斯坦布尔《埃塞克斯的威文霍庄园》

水平线:当一个人本能地追求一条水平线时,他体验到一种内在感,一种合理性,一种理智。水平线与人们行走于上的大地相平行,它伴随着人们走动,它在人眼的高度上延伸,因此不会产生对其长度的幻觉。

垂直线:这是无限性、狂喜、激情的象征。人若要追随一条垂直线,就必须片刻中断他的正常观看方向而举目望天。垂直线在空中自行消失,不会遇上障碍或限制,其长度莫测,因此象征崇高的事物。

直线与曲线:直线代表了果断、坚定、有力。曲线代表踌躇、灵活、装饰效果。

螺旋线:象征升腾、超然,摆脱尘世俗务。

立方体:代表完整性,因其尺寸都是相等的,也是一眼就能把握住的,因之给观者一种肯定感。

圆:给人以平衡感、控制力,一种掌握全部生活的力量。

球体:球体以及半球形穹隆顶,代表完满、终局确定的规律性。

椭圆形:因为有两个中心,故总也不使眼睛得到休息,老是令眼睛移动,不得安静。

各种几何体相互渗透:象征着有力和持续的运动。①

① 引自朱狄:《当代西方美学》,人民出版社 1984 年版,第 413—414 页。

这些线与形所带有的象征意义和情感意味，似乎就隐含在线与形的形式因素之中。从这个角度看，任何形式因素都具有审美的表现性，或者用贝尔的话来说，都带有特定的意味。再比如，绘画中不同的构图形式亦传达出不同的情绪质调，给观众以不同的体验和联想。一般说来，画面贯穿着水平线的构图，传达出一种和平宁静的气氛（如康斯坦布尔的《埃塞克斯的威文霍庄园》）；若是画面由倾斜的线条构成，则表现出激烈运动的不稳定的感觉（如席里柯的《梅杜萨之筏》）；金字塔形的布局创造了一种稳定性和安全感，许多宗教题材的绘画作品多选用这样的构图（如达·芬奇的《岩间圣母》）；锯齿状构图使画面充满了尖锐的气氛，给人们一种艰难痛苦的印象（如威涅齐阿诺的《圣约翰在荒漠》）；圆形构图意味着一种完满平和的氛围，使得画面既有变化又归于统一（如庚斯波罗的《小桥风景》）；而 V 字形的构图营造了一种向上期盼和运动的效果，使画面充溢着某种希望（如提香的《福音传道士圣约翰在帕特莫斯》）等等。[①]

从历史的角度说，“有意味的形式”的观念是逐渐发展起来的。如果采用黑格尔的艺术史的三种类型理论的话，那么，在原始艺术中，可以说这种自觉的形式观念尚不存在。尽管原始艺术中也有许多平衡、对称、节奏、韵律等形式规则，但总体说来，形式的观念尚处在不自觉的阶段。到了古典艺术阶段，模仿论占据主导地位，并逐

---

① 参见库克：《西洋名画家绘画技法》，人民美术出版社 1982 年版。

图 51　席里柯《梅杜萨之筏》

图 52　普桑《台阶上的圣家族》

渐转向再现论。一方面艺术要真实地再现现实生活的场景,另一方面相应的艺术法则也渐臻完善。但是,在再现倾向压倒一切的情况下,较之于艺术所再现的内容,其形式相对说来显得并不十分显要。所以,形式因素往往处于再现内容之下的从属地位。从审美观照的角度来说,由于追求逼真地再现生活原貌,所以,欣赏者大都处于一种亚里士多德所说的"认知的快感"中,而忽略了形式本身的意味。举画为例,当你欣赏一幅明显写实的作品时,往往会被画面所再现的景观或人物所吸引。你看到的是一个具体的场景,一个逼真的肖像,一个历史故事等,这时的审美判断倾向于认知性的,而形式感的把玩和体味暂时被抑制了。到了现代主义阶段,艺术的表现性被凸显出来,艺术家情感因素变得十分显要了。当写实性的再现不再成为艺术的唯一圭臬时,形式要素便逐渐从后台走到了前台。换言之,形式因素的自觉与强调,一定程度上说是现代艺术的标志,它是伴随着艺术自主性的美学观念而出现的。

现代艺术突出艺术自身的表现性,便导致了对艺术形式重要性甚至独立性的强调,"有意味的形式"这个概念的出现,就是一个明证。一方面,表现性的艺术作品自身彰显了艺术的形式要素,另一方面,面对表现性的艺术作品,欣赏者那种辨识所描画的对象的认知倾向被搁置了,而对形式自身的欣赏品味便显得非常重要了。比较一下同一题材但有再现和表现不同风格的绘画作品,我们便可清楚地发现这个区别所在。比如,安格尔画的《大裸女》和马蒂斯画的《蓝色的裸体》。这种区别有时也体现在同一文化形态中,比如

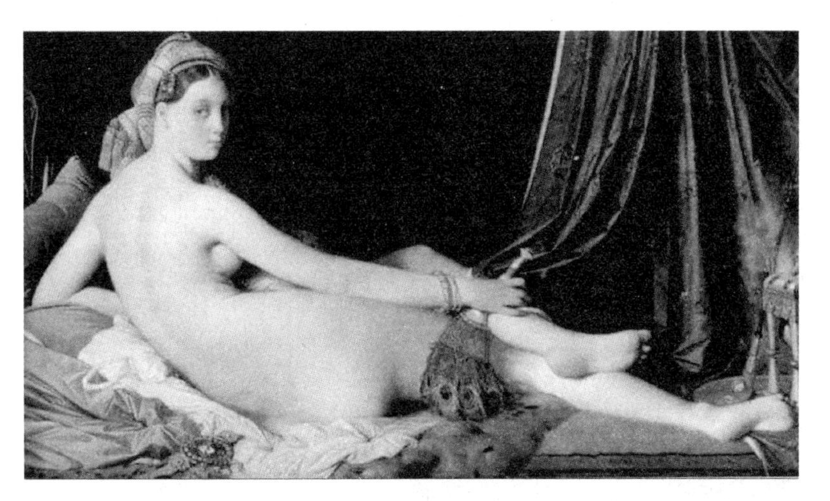

图 53　安格尔《大浴女》

图 54　马蒂斯《蓝色裸体》

中国画传统中,就存在着倾向于写实性或写意性的两种风格。同是山水画,黄公望的画与倪瓒的画就有明显区别;同是人物画,石恪和沈周的风格迥异,前者似更倾向于再现,后者则更倾向于表现;前者把形式暗含在内容之中,而后者则凸显了形式自身的表现意味。如果说再现性艺术将艺术家的情感融入逼真的图景之中的话,那么,表现性作品则直接表露出情感,把形式作为情感的直接媒介。

形式与形式主义

艺术中的表现倾向发展到极致,就导致了**形式主义**思潮的涌现。所谓形式主义,是指一种美学思潮,它特别强调形式在艺术表现中的核心作用。在这种理论中,形式具有特定的含义和重要性。美学家布洛克指出,形式主义者所说的形式有两个含义:第一,形式是美学意义的根源;第二,只有抽象形式才是纯粹的形式。真正的审美理解指向这种纯粹形式。[①]

换言之,在形式主义者看来,再现什么和表现什么已经变得不再重要,重要的是艺术品自身的形式、结构、风格或其他艺术要素,这些要素与艺术品之外的任何事物无关,既不关乎外部的现实世界,也不关联于艺术品的表现主体艺术家,艺术品是一个独立的、自

① 布洛克:《美学新解》,辽宁人民出版社1987年版,第246页。

图 55　石恪《二祖调心图》

我指涉的世界。布洛克把这种理论立场概括为三个原则:第一是艺术的自主性原则,第二是艺术品结构的独立性原则,第三是抽象形式是艺术本质所在的原则。①

其实,形式主义古已有之。在中国古代美学中,类似的形式主义观念也普遍存在,尽管与西方的形式主义表现形态有所不同。比如,魏晋时期著名的“声无哀乐”论,就带有明显的形式主义倾向。在嵇康看来,音乐的声音与情感的哀乐无关,其悦耳或不悦耳取决于声音本身,所谓“五色有好丑,五声有善恶,此物自然也”。无独有偶,西方形式主义美学家汉斯立克亦有同感,他坚信音乐只是声音的运动形式,本身并不带有什么情感和思想。这些看法实际上是把形式因素孤立起来,进而将审美判断和批评标准预设在单纯的形式因素上。这种看法在现代主义美学中很是流行。

小资料:形式主义

在艺术理论中,认为审美价值是自律的和自给自足的,并认为艺术的判断超然于其他考虑之外,比如伦理的考虑或社会的考虑等,这种观念就是形式主义。它在20世纪特别有影响,是抽象艺术占统治地位的部分反映。信奉形式主义观点的重要批评家包括罗杰·弗莱和克莱门特·格林伯格。

——《牛津艺术词典》,牛津大学出版社1997年版

① 布洛克:《美学新解》,辽宁人民出版社1987年版,第260页。

图 56　沈周《自画像》

还是举绘画为例,假如说传统的写实绘画是要欣赏者看画了什么的话,那么,表现性的绘画则突出了画家的主观情感及其形式表现,而形式主义则更加极端,它既不要欣赏者看画了什么,也不要欣赏者单纯注意到画家的情感表现,而是注意画面的形式因素本身。关于这一点,美国抽象表现主义画家德·库宁的说法最直白,如果你看一幅人脸的素描,看到的是"人脸"而不是"素描",那么你就不懂绘画。换言之,看一幅人脸的素描,形式主义倾向于看素描而忘掉人脸。隐含其中的一种观念是,艺术的根基乃是形式,因此,艺术家想方设法地通过掩盖或淡化所再现或表现的物象,进而使观众注意到形式本身。抽象主义绘画即是这种典型。比如,康定斯基为代表的抽象主义绘画,就把绘画自身的形式因素推到极致,一切我们所熟悉的事物都渐渐从绘画中消失了,我们所看到的是一个陌生新颖的、甚至"非人化的"世界,各种形式因素——色彩、线条和形状——鲜明地凸显出来。康定斯基写道:"让我们将一条类似的线条画在某个完全可以避免其实用目的的背景上,例如画在画布上。如果观众仍将画布上的这条线当作某个物体的轮廓线,这就意味着他依然保持着对线条的实用目的因素的印象。然而,一旦观众认识到绘画中的实际对象的作用通常是次要的,而不是纯绘画性的,认识到线条有时具有完全纯粹的艺术意义,就能够用心灵来体会这条线纯粹的内在共鸣。……如果在图画中,线条能摆脱表明任何物体的目的,并且成为一种自在之物,那么,它的内在共鸣就不仅不会因其作用次要而减弱，不会获得自己全部的内在力量。"[①]这里，画家所强调的自在之物的"纯绘画性"的线条，就是独立自足的形式因素，康定斯基认为这样的因素可以引起纯粹的内在共鸣，因为联想的、写实的诸种"实用目的"在这里消失了，剩下的只是一个纯粹形式的世界。这种美学观念的核心是对艺术形式的纯粹性追求，因为抽象主义就是要改变传统绘画那种"形象总是掩盖着纯造型性"(蒙德里安语)倾向，将形式独立出来，成为有自己生命力的表现对象。下面，康定斯基的描述充满了对色彩纯粹性体验和理解，其中一些感受是非常独特的，相信你也会有所共鸣：

红色：红色是无限温暖但不具有黄色的那种轻狂的感染力，但它却表达了内在的坚定和有力的强度。它独自成熟地放射光芒，绝不盲目耗费自己的能量。红色所表现出的各种力量都非常强烈。熟练运用它的各种不同色调，既可使其基调趋暖，也可使其趋冷或者偏暖。在特征和感染力上，鲜明温暖的红色和中黄色有某种类似，它给人以力量、活力、决心和胜利的印象。它像乐队中小号的音响，嘹亮，清脆，而且高昂。

橙色：橙色仿佛是一位对自己力量深信不疑的人。它的音调宛如教堂的钟声(祈祷之钟)，或者是浑厚的女低音，或像一把古老的小提琴所奏出的舒缓、宽广的声音。

黄色：最初的运动是向观众进逼(这种前冲力随着黄色的

① 康定斯基：《论艺术的精神》，中国社会科学出版社1987年版，第85—86页。

浓度增加而增强)。如果人们持久地注视着任何黄色的几何形状,它便使人感到心烦意乱。它刺激、骚扰人们,显露出急躁粗鲁的本性。随着黄色的浓度增大,它的色调也愈加尖锐,犹如刺耳的喇叭声。黄色是典型的大地色,它从来没有多大深度。黄色使我们回想起耀眼的秋叶在夏末的阳光中与蓝天融为一色的那种灿烂景色。

蓝色:蓝色是典型的天空色。它给人最强烈的感觉就是宁静。当蓝色接近于黑色时,它表现出了超脱人世的悲伤,沉浸在无比严肃庄重的情绪之中。蓝色越浅,它也就越淡漠,给人以遥远和淡雅的印象,宛如高高的蓝天。在音乐中,淡蓝色像是一支长笛,蓝色犹如一把大提琴,深蓝色好似把大提琴,最深的蓝色可谓是一架教堂里的风琴。深度可以在蓝色中找到,它的色调愈深,效果也就愈强,愈典型。我们在蓝色中感到一种对无限的呼唤,对纯净和超脱的渴望。

绿色:纯绿色是最平静的颜色,既无快乐,又无悲伤和激情。它对疲乏不堪的人是一大安慰与享受。但时间一久就使人感到单调乏味。绿色表达了消极的情调,它与积极的暖黄色和消极的冷蓝色形成了鲜明的对照。在色彩的王国里,绿色代表社会的中产阶级,他们志得意满,不思进取,心胸狭窄。绿色是夏天的颜色,夏天大自然已由春天的万物争荣转向了平静。绿色有着安宁和静止的特征,如果色调变淡,它便倾向于安宁;如果色调加深,它倾向于静止。在音乐中,纯绿色表现为平静的小提琴中音。

紫色:紫色无论在精神意义上还是感官性能上,总是冷却了的红色。它带有病态和衰败的性质,仿佛是炉渣。紫色在音乐中,相当于一只英国管,或者是一组木管乐器(如巴松管)的低沉音调。

黑色:黑色代表了惰性的阻力。黑色的基调是毫无希望的沉寂。在音乐中,它被表现为深沉的结束性的停顿。在这以后继续的旋律,仿佛是另一个世界的诞生。因为这一乐章已经结束了。黑色像是余烬,仿佛是尸体火化后的骨灰。因此,黑色的犹如死亡的静寂,表面上黑色是色彩中最缺乏调子的颜色。黑色象征着悲哀和死亡。

白色:白色代表了无阻力的静止,仿佛是一道无尽头的墙壁或一个无底深渊。它是一个世界的象征,在这个世界中,一切作为物质属性的颜色都消失了。它那高远浩渺也难以打动我们的心灵。白色带来了巨大的沉寂,像一堵冷冰冰的、坚固的和延绵不断的高墙。因此,白色对于我们的心理作用就像是一片毫无声息的静谧,如同音乐中倏然打断旋律的停顿。但白色并不是死亡的沉寂,而是一种孕育了希望的平静。白色的魅力犹如生命诞生之前的虚无和地球的冰河时期。白色象征着欢乐欢悦,纯洁无瑕。①

---

① 根据康定斯基的描述整理,详见康定斯基:《论艺术的精神》,中国社会科学出版社 1987 年版,第 47—55 页。

图 57　康定斯基《弓箭手构图》

从以上这些形象生动的描述中,画家向我们展示了各种色彩独特的魅力,那富于想象力的种种说法,道出了有意味形式的存在及其审美表现力。

陌生化的形式

从艺术史的角度来看,艺术的进步和发展,不但体现为主题、题材和内容的变化,也呈现为形式和风格的嬗变。其中,不断地创新是艺术发展的内在动力。对艺术来说,创新有两个基本含义,其一,创新是打碎日常生活的陈腐和平庸,以别样的方式为人们提供新的视野和体验;其二,创新还意味着不断地超越前人,创造出新的形式和新的风格。前者是艺术创新对外(社会的)启迪功能,后者是艺术创新对内(艺术自身的)变革的功能。

从这个意义上说,形式的创新作用不可小视。我们先从艺术对日常生活的开启角度来看。历史上,关于艺术创新的论述汗牛充栋。叶燮提出:“若夫诗,古人作之,我亦作之,自我作诗而非述诗也。故凡有诗谓之新诗。……必言前人所未言,发前人所未发,而后为我之诗。”[①]石涛亦有精彩之论:“我之为我,自有我在。古之须眉不能生我之面目,古之肺腑不能入我之腹肠。我自发我之肺腑,

① 叶燮:《原诗》,郭绍虞主编:《中国历代文论选》第三册,上海古籍出版社1979年版,第346页。

揭我之须眉。”[①]在西方美学中，始终有一种强调艺术必须追求新奇的观念，认为新奇是艺术有别于我们平庸的日常生活的魅力所在。浪漫主义进一步发挥了这个观念，并在这方面自觉践行。柯勒律治指出：“给日常事物以新奇的魅力，通过唤起人对习惯的麻木性的注意，引导他去观察眼前世界的美丽和惊人的事物，以激起一种类似超自然的感觉；世界本是一个取之不尽用之不竭的财富，可是由于太熟悉和自私的牵挂的翳蔽，我们视若无睹、听若罔闻，虽有心灵，却对它既不感觉，也不理解。”[②]在这段论述中，浪漫派诗人提出了艺术的功能在于让人们从熟悉的、遮蔽的日常经验中解放出来，以新的眼光来看待世界的美丽和惊人的事物。为什么在日常生活中我们看不见这些呢？原因在于太熟悉，自私的和功利的褊狭眼光阻碍了我们的发现。其实这个思想在中国古典美学中亦有很好的表述，王夫之写道：

> 能兴者谓之豪杰。兴者，性之生乎气者也。拖沓委顺，当世之然而然，不然而不然，终日劳而不能度越于禄位田宅妻子之中，数米计薪，日以挫其气，仰视天而不知其高，俯视地而不知其厚，虽觉如梦，虽视如盲，虽勤动其四体而心不灵，惟不兴故也。圣人以诗教以荡涤其浊心，震其暮气，纳之于豪杰而后

---

① 石涛：《苦瓜和尚画语录》，沈子丞编：《历代论画名著汇编》，文物出版社 1982 年版，第 366 页。

② 《十九世纪英国诗人论诗》，人民文学出版社 1984 年版，第 63 页。

期之以圣贤，此救人道于乱世之大权也。[①]

这段话和柯尔律治的论述有异曲同工之妙，都强调拖沓委顺的日常生活磨灭了人的灵性和敏感，使之无法以新鲜别样的眼光来凝视这个世界。所以，艺术有一种使人“兴”的超越功能。如果我们把这些论述和达·芬奇的一个观点联系起来，问题就更加有趣了。达·芬奇认为，绘画就是“教导人们学会看”。其实，不仅画家教导人们学会看，诗人作家、戏剧家、雕塑家、音乐家等等，都是通过他们的艺术创造把欣赏者引入一个新的世界，以一种陌生的眼光来审视一个陌生的世界。于是，柯尔律治所说的“世界的美丽与惊人”便赫然眼前，王夫之所说的“性之生乎气者”便油然而生。

调动你的经验，发挥你的想象，以下体验对你一定不陌生！陶潜的田园诗把你带入一个自然和谐的世界，那里充满了生命活力的一切也许是人们视而不见的；李清照别称“李三瘦”，因为她创造了千古流传的关于“瘦”的诗句，诸如“人比黄花瘦”“绿肥红瘦”等，诗句营造了一个独特的联想，给了你不曾有过的新鲜体验；鲁迅的小说将你领进一个新的境界，你或许从未想到过中国人国民劣根性如此成问题，阿Q活灵活现的精神胜利法，揭橥了这些劣根性的诸多侧面；相传印象派大画家莫奈将伦敦的天空描绘成紫色的，使伦敦人看了以后大为惊异，他们从未注意到伦敦有如此美妙的色调；雨

---

① 王夫之：《俟解》。

果在诗中通过无与伦比的联想,将星星比喻为各色新奇的形象——“闪光的钻石”“晶莹的宝石”“金色的云彩”“金色的水晶”“小羊羔”“发光的神殿”“永恒的夏日之花”“银色的百合”“夜之眼”“暮色中朦胧的眼睛”“空中的残火余烬”“广袤天花板上的洞眼”“空中飞舞的蜜蜂”“亚当流出的血滴”“孔雀羽毛上的彩色斑点”,等等,这些新奇的比喻把我们对星星的体验带入一个全新的境界,在诗人眼里,如此之多的事物竟然诗意地关联在一起,这种体验在平庸的日常生活中是难寻踪迹的。

由此可见,艺术形式的创新绝非只是花样翻新,而是打碎我们日常经验的遮蔽性,还欣赏者一副新鲜的儿童眼光。难怪艺术家总是为自己过于世俗平庸的眼光忧心忡忡,企盼着一种“童心”(李贽)或“儿童眼光”(毕加索)。法国画家马蒂斯认为,观看是一种创造性的行为,但日常生活养成了习惯和偏见,因而,画家如何打破这种习惯和偏见,便需要某种勇气。“这种勇气对要像头一次看东西那样看每一事物的美术家来说是根本的:他应该像他是孩子时那样去看生活,假如他丧失了这种能力,他就不可能用独创的方式去表现自我。”[①]这儿童眼光就是一种陌生的眼光,用陌生的眼光去看世界,就是发现世界的美丽与惊人。关于这一点,俄国形式主义有深刻的论述,这就是著名的“**陌生化**”理论。俄国形式主义的代表人

---

① 马蒂斯:《用儿童眼光看生活》,载何太宰选编:《现代艺术札记·美术大师卷》,外国文学出版社2001年版,第33页。

物什克洛夫斯基写道：

> 那种被称为艺术的东西的存在，正是为了唤回人对生活的的感受，使人感受到事物，使石头更成其为石头。艺术的目的是你对事物的感觉如同你所见的视象那样，而不是你所认知的那样；艺术的手法是事物的“陌生化”手法，是复杂化形式的手法，它增加了感受的难度和时延，既然艺术中的领悟过程是以自身为目的的，它就理应延长；艺术是一种体验事物之创造的方式，而被创造物在艺术中已无足轻重。[①]

在这一著名的陈述中，形式陌生化的美学观念体现得非常明晰。艺术的本质在于通过形式的陌生化，使人们习而不察的事物变得新奇而富有魅力，因而唤起人们对事物敏锐的感受。所以，艺术中最重要的就是形式的创新。比如，在鲁迅笔下，透过狂人的视角来审视“人吃人”的严酷现实，就创造了一种“陌生的”效果，它棒喝了人们习惯的看法和庸见，暴露出这一社会现实的压迫性质。同理，在卡夫卡的小说《变形记》中，作者选取了主人公噩梦之后变成甲虫的荒诞过程，并透过甲虫的独特视角，来揭示充满异化的资本主义现实，进而展现了小人物在这样严酷的生活中所受到的压抑。

值得注意的是，俄国形式主义与传统的惊奇理论不同，它更关

---

① 什克洛夫斯基：《作为手法的艺术》，方珊编：《俄国形式主义文论选》，三联书店1989年版，第6页。

注如何新奇,而被表现或再现的事物则被认为是无关紧要,无论它们是情感抑或现实世界。一块石头经过艺术家陌生化的处理,从我们司空见惯的事物中脱颖而出,吸引了我们的审美注意,使我们注意到以前未曾注意到的形态、色彩和造型,因而恢复了我们对生活的敏锐感受。在俄国形式主义者那里,有一个根深蒂固的信念,那就是日常生活的习惯具有遮蔽性,它钝化了我们的敏感性,使我们倾向于无意识和机械性。于是,艺术便承担了一个重要的功能,那就是保持和强化我们敏锐的感受力。所以,"复杂化形式的手法"便成为艺术创作的必经之途。通过不断的陌生化形式,艺术在"教导人们学会看"。

这一思想的进一步发挥,便构成了现代美学关于艺术形式的颠覆潜能的理论。一些美学家发现,现代社会的日常生活具有某种刻板和压抑性质,日复一日、年复一年同样如此的生活,逐渐消磨了人敏锐的感受力,使得充满活力和变化的世界显得平庸而单调,如韦伯形象描述的那样,日常生活逐渐变成了一个官僚化或科层化的"铁笼"。工具理性的种种原则统治着我们的行为,我们按规章行动,按计划办事,机械地扮演着自己所承担的种种角色。人逐渐沦为机器式的存在,情感和灵性受到压制,个性被塑造成千人一面。合理化的生活已经把人变成为工具,在这种状况下,艺术承担了独特的政治潜能和美学功能,可以将人们从机械刻板的日常生活的种种压力中解放出来,不断地改变我们对自己所生存的世界的看法。这一观念在德国法兰克福学派美学理论中得到了充分的发挥,这一

图58 毕加索《阿维农少女》

学派的美学家在解释现代主义艺术中的形式革新时,把这种革新与改变世上千千万万男女的意识解放联系起来。比如,卡夫卡那充满谜一样色彩的小说,贝克特那荒诞难解的剧本,都是旨在破坏我们习惯的欣赏方式和感受方式,向欣赏者的陈规旧习发起挑战,进而提供一种新的陌生眼光来看待世界。这么来看,艺术的陌生化形式便超越了狭隘的形式主义窠臼,获得了某种"革命"和"颠覆"的潜能。人们通过进入艺术世界,透过艺术家的眼光去陌生地看那个陌生的世界,潜移默化中也就改变了自己陈旧平庸的观念和看法,进而达到对现实世界新的认识和理解。

法兰克福学派的代表人物马尔库塞在一次演讲中充满激情地说道:

> 对艺术的造反已经有很长的历史了。……继后的艺术形式的反对者们又起来努力摧毁那些熟悉的和占统治地位的感觉形式,摧毁熟悉的事物的外观,摧毁那些作为虚伪的、支离破碎的经验的组成部分的东西,以此来"挽救"艺术。艺术向非客体性艺术、抽象艺术和反艺术的发展是一条通向主体解放的道路,这就为主体准备了一个新的客体世界,而不再需要去承认、升华和美化那个现存的世界了;这一发展解放了人的身心并使之具有了新的感性。
>
> ……也许第一次,人们将能欣赏贝多芬和马勒的无限悲痛,因为这悲痛已经被战胜并保存在自由的现实中。也许是第

一次,人们将能以柯罗、塞尚和莫奈的眼睛看世界,因为这些艺术家们的感觉曾经帮助过这个现实的形式。[1]

关键词:

形式 有意味的形式 形式主义 陌生化

延伸阅读书目:

1. 贝尔:《艺术》,中国文联出版公司1984年版。

2. 马尔库塞:《作为现实形式的艺术》,载伍蠡甫、胡经之编:《西方文艺理论名著选编》,北京大学出版社1987年版。

① 马尔库塞:《作为现实形式的艺术》,载伍蠡甫、胡经之主编:《西方文艺理论名著选编》下卷,北京大学出版社1987年版,第720、725页。

风景八

时亦越法有所纵

藐姑射之山，有神人居焉。肌肤若冰雪，淖约若处子。不食五谷，吸风饮露。乘云气，御飞龙，而游乎四海之外。其神凝，使物不疵疠而年谷熟。

庄子：《逍遥游》

诗人敢于把不可见的东西的观念，诸如极乐世界、地狱世界、永恒界、创世等等来具体化，或把那些在经验界内固然有着事例的东西，如死、忌嫉及一切恶德，又如爱，荣誉等等，由一种想象力的媒介超过了经验的界限——这种想象力在努力达到最伟大东西里追迹着理性的前奏——在完全性里来具体化，这些东西在自然里是找不到范例的。

康德：《判断力批判》

在以上所描述的美学景观里,我们常常见到**艺术家**的身影,但还没有机会定睛审视一下他们。依照艾布拉姆斯的艺术四要素理论,艺术家是其中一个不可或缺的重要元素。显然,若要完整地审视美学的风景,艺术家及其创造活动乃是美学思考的一个重要层面。所以,我们有必要走进艺术家及其艺术创造的世界,去考察艺术家的**创造性**活动。

从美学的观点来看,艺术家是艺术品的创造者,于是艺术创造的特征就构成了艺术家的特征,而艺术家的生命活动又呈现为艺术创造活动,最终凝聚成一系列特定的艺术品。有学者认为,随着科学研究的进步,人类创造活动的整体面貌已经呈现出来,比如科学创造的奥秘人们已经知之不少。但是,相对于人类的其他创造活动,艺术创造最复杂,充满了神秘性,人们却知之不多。所以,需要我们作一番深入思考。

藐姑射山之“神人”

在文学艺术史上,流传着许多的传说。在这些传说中,艺术家以及艺术创造活动常常显得神秘费解。在比较的意义上说,艺术创造是人类精神最难解的精神现象之一,这决不为过。

相传唐代裴将军请大画家吴道子作画,画家委婉地说,我画笔已生疏,请裴将军舞剑一曲,以通幽冥。于是,将军走马如飞,左旋右转,掷剑入云,若电光下射。观者数千人,无不惊叹。吴道子遂援毫图壁,飒然风起,为天下壮观。令人好奇的是,裴将军舞剑与画家作画之间有何关联?为何吴道子看了裴将军舞剑后下笔飒然风起?另一个传说也颇为有趣,说的是唐代大书法家张旭。诗人李欣有诗曰:

> 张公性嗜酒,豁达无所营。
> 皓首穷草隶,时称太湖精。
> 露顶据胡床,长叫三五声。
> 兴来洒素壁,挥笔如流星。

为何张旭酒醉后下笔如有神,不可复得?其奥秘何在?

在西方文学艺术史上,亦有许多传闻很是费解。据说德国诗人席勒写作时,总要在桌上放一只烂苹果,此事曾让他的好友歌德百

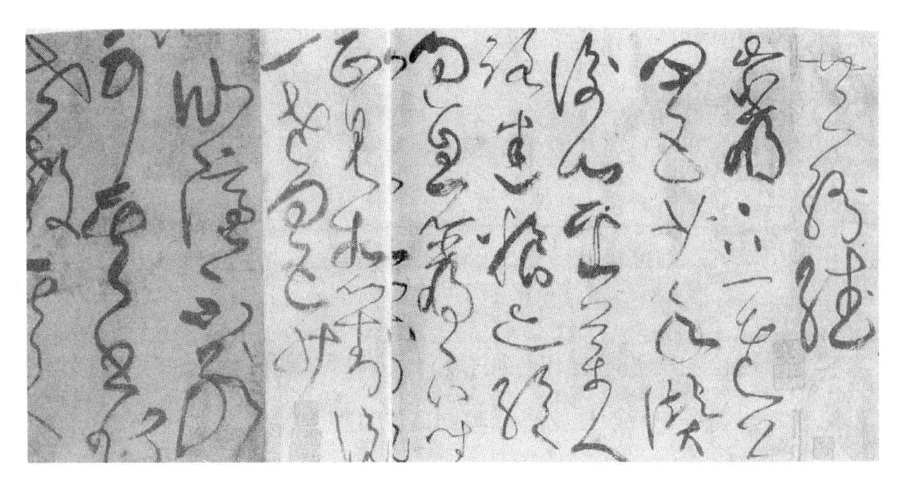

图 59　张旭草书

思不得其解。巴尔扎克写作时要穿上一件僧侣的长袍,以致罗丹在为巴尔扎克塑像时,就取了作家身披长袍的形象。凡·高在精神病急性发作期间,住在收容所里,被窗外的一丛鸢尾花所吸引,于是他画了无与伦比的《鸢尾花》。莫奈说道,“一个人怎么会对花的光线爱到如此地步,而且把它描绘得这么美?”海明威说过他的创作经验,小说写得好不好,全靠“运气”;米勒强调,他写剧本如果事先知道剧情,就不可能唤起一种探索未知的冲动,写作的奥秘就在于一切尚不得而知。更有传说,浪漫派诗人喜欢夜半作诗,因为夜属于沉思冥想和梦幻时刻;而英国诗人弥尔顿坚信,他血管里的血只有在每年秋分至春分这一时期才畅流,也只有在这时他才能写出令人惊叹的好诗。

形形色色的艺术创作奇闻轶事还可以无限罗列下去,问题是,这些奇闻逸事和奇谈怪论将艺术创造说得神乎其神,我们该如何从美学上加以解释呢?

在原始文化中,今天意义上的艺术家尚不存在,那些“巫师—艺术家”通常被认为代表神的意旨,具有超凡的能力。在科学不发达的远古时代,把这样的人视为神的代言人的看法是相当普遍的,他们常常是靠神力相助或扮演角色,或吟诗作画。有美学家认为,庄子《逍遥游》中对仙人的描绘用于说明艺术家最为传神,所谓“藐姑射之山,有神人居焉。肌肤若冰雪,淖约若处子。不食五谷,吸风饮露。乘云气,御飞龙,而游乎四海之外。其神凝,使物不疵疠而年谷熟”。在西方美学中,这种神秘主义的解释也相当普遍。比如,柏拉图著名的“神授灵感说”：

> 伊安，让我来告诉你。你这副长于解说荷马的本领并不是一种技艺，而是一种灵感，像我已经说过的。有一种神力在驱遣你，像欧里庇德斯所说的磁石，就是一般人所谓“赫剌克勒斯石”。磁石不仅能吸引铁环本身，而且把吸引力传给那些铁环，使它们也像磁石一样，能吸引其他铁环。……诗神就像这块磁石，她首先给人灵感，得到这灵感的人们又把它传递给旁人。……科里班特巫师们在舞蹈时，心里都受一种迷狂支配；抒情诗人们在作诗时也是如此。他们一旦受到音乐和韵节力量的支配，就感到酒神的狂欢，由于这种灵感的影响，他们正如酒神的女信徒们受酒神凭附，可以从河水中汲取乳蜜，这是他们在神智清醒时所不能做的事。……神对于诗人们像对于占卜家和预言家一样，夺取他们的平常理智，用他们作代言人，正因为要使听众知道，诗人并非借自己的力量在无知无觉中说出那些珍贵的辞句，而是神灵凭附着来向人说话。[①]

在柏拉图的这一经典论说中，诗人所以超越常人而具有高超的技艺，乃是神力所致。神悄悄地凭附在诗人身上，使之失去平常理智，说出平常无法说出的美妙言辞。如此解释，荷马所以成为伟大的诗人，乃是神灵附体。屈原所以吟诵伟大的楚辞篇章，亦是神力所致。

---

① 《柏拉图文艺对话录》，人民文学出版社 1963 年版，第 7—9 页。

在西方文化中，依希腊传统，灵感是与记忆之神的女儿缪斯有关的；而按照希伯来传统，则与圣灵有关。有学者指出：究其定义而言，一个巫师、预言家或诗人的灵感获得，显然有别于平常的心灵状态。在原始社会中，巫师可以自动进入一种精神恍惚的状态，或者他也可以被某种祖先的或图腾的精神力量支配而处于迷狂状态。[①] 在中国艺术史上，此类例子也屡见不鲜。古人把创造性的想象称为"神思""神游"。据记载，唐代书法大师张旭"每大醉，呼叫狂走，乃下笔，或以头濡墨而书，既醒自视，以为神，不可复得也"。所谓"神来之笔"或"以为神"，都是说的这个意思。

由此可见，在科学知识尚不发达的远古社会，艺术家所以有超越常人的能力和灵感，那时人们大都倾向于作出神秘主义的解释，将人的能力归结于神的力量所致。这和人类早期社会把一切自然现象均解释为神力的倾向是一致的。

依据社会学家韦伯的看法，社会的进步乃是由于合理化和去魅所致。所谓去魅，就是随着人类知识和理性的发展，逐渐将被神化或归于神的东西发还给人。科学就是对宗教的去魅，美学则是对远古对艺术创造解释神秘主义化的去魅，还它本来面目。

近代以降，美学的思考越来越科学地解释艺术家的创造力，抛弃了神秘主义的窠臼。浪漫主义率先发动了把"创造力"从神还给人的运动。过去"创造"的特权只属于神，只有上帝才能"创世"。

---

① 韦勒克、沃伦：《文学理论》，三联书店 1985 年版，第 82 页。

所以,在古典时代,艺术家实际上和工匠没有太大区别,他们都是具有某种特殊技艺的能工巧匠。文艺复兴和启蒙运动开始强调艺术家的特殊性,区分了艺术与手工艺的不同,比如康德就坚信,美的艺术是自由的无功利的,而手工艺则是不自由的雇佣性的;前者是出于游戏的目的而追求愉悦,而后者则是为了报酬而劳动。由此来看,我们可以把艺术家的现代观念视为两方面进步的产物。第一,艺术家的创造才能(想象力、灵感、天才等)不再是神的特权,而是人的能力,这是一个历史性的进步;第二,艺术家不再是工匠式的技艺者,他们的创造活动截然有别于工匠的技艺和劳作,带有自由和游戏的性质。这后一方面便切入了美学的一个重要主题:审美带有令人解放的性质(黑格尔)。

在启蒙科学精神的诱导下,美学对艺术家创造性的研究可谓方兴未艾,尤其是19世纪心理学的奠基,与美学联手探究艺术创造性的奥秘,在这方面取得了许多进步。艺术创造性的神秘面纱正在逐渐撩开,艺术创作的奥秘慢慢地显露出其真山水。

小资料:艺术家

艺术家是这样的人,他们精于一种或更多的艺术,诸如绘画或雕塑;一个艺术家是一个专业的娱乐业人士,诸如歌唱家或舞蹈家的。荷兰画家文森特·凡·高或音乐厅的艺术家玛丽·劳埃德。

艺术家是一个“有技艺的人”,在这种宽泛的意义上说,名词艺术家也可以被艺人这个概念所取代,尽管这个说法不很常用。

——《布鲁斯伯里词语指南》,布鲁斯伯里出版公司 1997 年版

艺术家是"倾邪险怪"的人吗?

在人们的普遍印象中,艺术家的确有些与常人不同,这不仅是因为他们的个性,而且是因为他们的职业,似乎要求某种特殊的心理气质。早期行吟诗人或流浪艺人不说,即使在现代社会,艺术家常常是行为放浪不羁,动作乖张狷狂,因此就有许多关于艺术家的常识或偏见,诸如艺术家是疯子,艺术天才即精神病,搞艺术的多少有点怪,等等。的确,在一个日益强调社会行为和生活方式符合规范的社会中,在一个日趋从众的文化里,艺术家似乎成了一种独特生活方式的象征——放浪不羁、独具个性的审美生存。

在中国美学中,一个与艺术家关联密切的说法是所谓"颠"或"狂",一些伟大的艺术家的行为若用世俗观点来看,大都显得有点反常,或"颠"或"狂"。在中国艺术史上,行为乖张者不计其数。诗人李白"斗酒诗百篇","仰天大笑出门去",行为显然不拘一格;书法家米芾人称"米颠",据史书记载,他是"时亦越法有所纵","倾邪险怪,诡诈不近人情,人谓之颠";画家朱耷(八大山人)更是传为笑谈:"一日,忽发狂疾,后大笑,或痛哭,裂其浮屠服,焚之,独身佯狂

图 60　朱耷(八大山人)《蝉》

市肆间,履穿踵决,拂袖蹁跹,市中儿随观哗笑,人莫能识也。后忽大书哑字于门,自是对人不交一言,或招之饮,则缩项抚掌,笑声哑哑然;盖其胸次汩浡郁结,别有不能自解故也。常题书画款,'八大山人'四字,必连缀,类哭之笑之字意,亦有在焉。"①

在西方美学中,通常用于艺术家的一个描述概念是"波希米亚式的"(bohemian)。从词义上说,这个概念原指生活在捷克境内的吉卜赛人,他们以流浪卖艺为生。《牛津最新英语词典》中,将这个词的引申义解释为:"社会行为不同凡俗(或不守传统规范)的人,尤其是艺术家或作家。"这种解释近似中国文化中汉语"疯子""狂人"的看法了。的确,西方艺术史上,这样的例子更是不胜枚举。福楼拜写作到了动情时,经常大声号啕。巴尔扎克经常在屋里写作,一两个月闭门不出,除了好穿大袍子外,还喜好赤脚放在石板上。凡·高曾险些杀死自己的好友高更,后因对自己的行为感到震惊,又割去自己的左耳;他的画当时不被艺术界所认可,他的行为方式更是不容于当时的社会。

那么,艺术家为何总是这样不同凡俗?这些看似古怪离奇的行为方式与其艺术创造性之间有无联系?这始终是美学关心的一个难题。自心理学创建(19 世纪末)以来,关于这一问题的理论观点莫衷一是,大约可以清理出两种主要思路。一种是以精神分析学说为代表的理论,倾向于把艺术家视为心理反常的人,甚至认为艺术

---

① 转引自潘天寿:《中国绘画史》,上海人民出版社 1983 年版,第 250 页。

图61　凡·高《自画像》(割去自己耳朵后所画)

家是病态的,这一思路尝试着从艺术家反常的心理状态的路径来寻找艺术创造的奥秘;另一路研究则相反,以人本主义心理学为代表,坚信艺术家是正常的人,甚至比一般人更正常,因为健康的心理和良好的精神状态是一切创造性活动的基础。这两种看法各执一隅,彼此对立。

20 世纪 50 年代以来,心理美学的研究有所突进,逐渐揭开了笼罩在艺术家及其艺术创造中的神秘面纱,并渐渐描画出艺术家独特人格气质的完整图景。这里,我们不妨简略介绍一下心理学家贝伦关于作家创造性人格,以及麦金隆关于建筑家人格的经典研究。

贝伦关心的是创造性的作家有何独特的人格特质,他们与创造性一般的其他作家有何人格上的差异。于是,他请美国作家协会推举健在的 30 多位著名作家作为测试对象,又选了 20 多位一般作家,10 位学写作的学生组成三个测试组,后两个组作为创造性作家的比照组。实验的结果使人眼界大开,贝伦发现,在独创性量表上,创造性的作家得分最高,而在灵活性量表上,学生则得分最高,其次才是创造性的作家。在创造力与心理健康关系方面,实验的确发现创造性的作家有些"反常",与一般人相比这一点区别明显。那么,怎么来看这一差异呢?贝伦的解释很有辩证法意味:"如果人们严肃地看待这些实验,那么,作家将会显得比一般人在心理上更脆弱,同时也更健康。或者说,用另一种方式来看,作家的心理会有更多的纷扰,但他们同时又有更多的解决这些纷扰的办法。”[①]这就回答了我们前面提出的问题,一方面,创造性的艺术家的确有些心理上的“反常”倾向,因此他们更加敏感、乖张、偏激、狷狂、富有攻击性等,心理上出现比常人更多的麻烦、困扰或反常是很自然的。“波希米亚式的”人格或行为正是在这里体现出来的。但另一方面,创造性的艺术家有一个非常重要的倾向,那就是在常人那里也许会成为心理障碍的东西,在艺术家那里却被转化为其创作活动的有效资源。艺术家心理学的研究认为,这些看似反常的性格和心态,使得艺术家可以突破常人的循规蹈矩和平庸见解,敢于向新的领域突进。法国作家莫里亚克在评论陀思妥耶夫斯基的创作时就谈到了这样的看法:

> 陀思妥耶夫斯基的癫痫病在他笔下的所有人物身上留下了深深的痕迹,印上了立刻就认得出来的标志,正是这种癫痫病使这位作家创造的人物具有一种特殊的神秘性。一个艺术家如果是个天才的话,他的一切缺点和偏见也可以为创作服务,借助它们,创作得以向从来没有人敢于冒险的方向扩展。[②]

贝伦借助“明尼苏达多项人格量表”,对作家人格的诸多项目作了测试,想描画出诗人创造性人格的总体面貌。他基于人格测量的数

---

① R. S. Albert, ed., *Genius and Eminence*, Oxford: Pergamon, 1983, p. 307.

② 《法国作家论文学》,三联书店 1989 年版,第 199—200 页。

图 62　陀思妥耶夫斯基肖像

据及其三组人的比较,归纳出一个创造性作家人格特质系统特征,它包括五项最突出的人格特征,八项较突出的人格特征。具体如下:

创造性作家最突出的五项人格特征

1. 具有高度的智能;
2. 真诚地珍视智力和认知问题;
3. 重视自己的独立性和自主性;
4. 语言流畅,能很好地表达思想;
5. 津津乐道于审美印象,具有审美的敏感性。

创造性作家较为突出的八项人格特征

6. 多产,完成创作;
7. 关注哲学问题,诸如宗教、价值和生命意义等;
8. 对自我有高度的志向;
9. 兴趣广泛;
10. 用与众不同的方式进行思考和组合观念,具有不同凡俗的思维过程;
11. 是有趣而又引人注目的人物;
12. 坦诚率真地与他人相处;

13. 用一种伦理上一贯的方式来行动,恪守各项准则。[1]

这也许是历史上第一次描摹出创造性作家人格特征的完整面貌,所涉及的诸多方面,从内在的精神关怀,到外部行为特征,从作家自身的特质,到他们在别人心中的印象。看来,创造性艺术家的人格是复杂的多侧面的,它们是由许多相关的人格因素错综纠结地组合而成。这些经验研究集中在创造性的作家所共有的一些明显特征上,是有其科学根据的。诚然,这一归纳并不一定条条在理,有一定文化上的局限(是针对西方作家),所以也不能说它适合于说明任何一位创造性的作家或艺术家,但它的确描画出了创造性人格的主要特质。

与贝伦同时代的另一位美国心理学家麦金隆的研究也很有特色。他主要考察了建筑家的创造性人格。因为在他看来,建筑家的职业特点是横跨在艺术和科学两大领域,因而最能代表人类的创造力总体特征。如果说贝伦的研究还只限于作家或艺术家的话,那么麦金隆则坚信,他对建筑家的研究可以涵盖艺术和科学两大领域。他的研究与贝伦相似,也是采用创造性的建筑大师为一组,而一般建筑师为一组,以及和大师有过工作来往的其他建筑师为一组,通过三组人的比较对照,以期发现创造性的建筑家所具有的特殊人格特质。在实验中他发现,对创造性人格具有重要影响的因素有很

---

① R. S. Albert, ed., *Genius and Eminence*, Oxford: Pergamon, 1983, pp. 303—304.

多。比如在自我形象上，创造性与非创造性的人格差距甚大。一个规律性的现象是，创造性建筑家更关心“理想的自我”（即自我期待的形象），而不顾及自己在公众或同行中的印象如何；反之，创造性不高的建筑师，则更加关心“现实的自我”，亦即自己在公众和同行中的印象如何，他们给人的印象是宽容的、顺从的和有理性的。再比如，麦金隆注意到，**创造性的人格**自我控制力和心理稳定性上较常人不如，他们的忍耐力亦表现得不如一般人。他们不喜欢有序的、明确的情境，而是对未知的、混乱的事物更感兴趣。原因很简单，明晰有序的事物，一切已是一目了然，无法激起他们探究未知的欲望和好奇心。此外，在自主性、独立性、表现欲、攻击性和变动性等项目上，具有创造性的建筑家和一般建筑师大相径庭，他们在这些方面表现得异常突出。更有甚者，创造性的建筑家常常体验到一种和自己职业生涯的深层“命运感”，好像他们生来就是从事这样的创造性活动，而只有在实现了自己的创造力时，他们才实现了自己的“命运”等。[①] 这些特征看起来和马斯洛所说的“自我实现者”非常相似。

小资料：创造性

创造性是指产生新事物的能力。它本身是在人的行为中展示出来的。经由一个人和一组人的创造过程，创造的产品便应运而

---

① R. S. Albert, ed., *Genius and Eminence*, Oxford: Pergamon, 1983, pp. 291—295.

生。这些产品也许千差万别,从科学到艺术,从哲学体系到生活方式的变革,等等。在这种差别中有显而易见的共同特征,那就是创造性的产品、创造过程和创造者。创造性的产品以其独创性、有效性和有用性而著称。对于这些产品我们往往使用诸如新鲜、新奇、精巧、独特等词语来描述。创造过程是用某种新的方式来看待事物,构成某些关联和冒险,注意由矛盾和复杂性引起的当下机遇,在不熟悉的事物中辨识出熟悉的东西,创造新的范式等等。在创造者身上,我们可以发现一些共同特征:隐喻或类比的思维能力,逻辑地思维的能力,判断的独立性(有时表现为非传统性、反叛性、革命性的思想或行动),抛弃不充分的简单性,以便寻找更为复杂和满意的新秩序或新综合。

——《罗德里奇社会科学百科辞典》,罗德里奇出版公司 1985 年版

虽然一般认为,艺术和科学代表了人类创造性的两个最高境界,但是,艺术家毕竟有别于科学家,这一点从经验中得知。比如,说艺术家“颠”或“狂”并不少见,但是在科学家中这样的人相对说来则少得多,恰如“波希米亚式的”这个概念通常只用于艺术家而极少用于科学家一样。看来,如果说麦金隆对建筑家的研究强调了科学和艺术中创造性的某些共通方面的话,那么,它并不能用于解释艺术家迥异于科学家的那些独特人格特质。

因此,在审美心理学以及人格心理学领域,有些学者更关注艺

术家与科学家之间的人格差异。这些差异一方面是由艺术创造和科学创造的不同性质所导致的，另一方面作为两种创造活动的主体，他们各自亦有自身的某些特殊气质。敏感浪漫的气质在艺术家身上也许是优点，甚至是不可缺少的气质，但放到科学家身上恐怕就不大合适了。凡·高和爱因斯坦各有性格特点，这对他们各自的创造性活动来说是有利的。你很难想象将两人的性格气质颠倒过来，让爱因斯坦亦"颠"亦"狂"，让凡·高理智亦冷静，办事不差毫厘。在这一方面，英国心理学家卡特尔的研究值得关注。他与其助手在研究中发现，艺术家与科学家在许多方面不但有所不同，甚至是完全对立的。因此，他依据自己关于人格的基本理论，指出了艺术家有别于科学家的一些特质：

> 也许创造性的科学家与创造性的艺术家完全不同。在艺术家中，特别是在19世纪和20世纪，神经症的、精神病的和吸毒的倾向太普遍了，以至于人们很难说明这些情况。这至少包括了某些作曲家，从贝多芬到拉威尔、巴托克，以及瓦洛克，他们的生活常常是躁动不安的和令人不快的。在一些作家中，从19世纪的福楼拜、鲁斯金、尼采和斯特林堡，到20世纪的普鲁斯特、奥尼尔、托马斯，这种倾向也十分明显，这在画家(凡·高、马特里罗和蒙德利安)中也许更加突出。许多不同的解释，诸如气质的、社会学的和经济的解释，都极易受到艺术

天才有精神异常而科学天才则不是这样的理论的影响。①

那么,艺术家和科学家的人格究竟有何差异呢？卡特尔的研究从自己关于人的16种根源性的人格特质理论出发,指出艺术家和科学家在以下三个根源性的人格特质上相去甚远,亦即幻想性、敏感性和能紧张性。

在幻想性层面,艺术家倾向于较高的一极,往往表现得重幻想、偏执、自满和自我专注;而科学家则倾向于较低的一极,亦即表现出讲求实际、沉着和诚实。在敏感性层面,艺术家同样倾向于较高一极,它体现为敏感、内省、易冲动、多愁善感和直觉;相反,科学家则倾向于较低一极,其特征是理智、善于控制情感、有逻辑性等。最后,在能紧张性层面上,艺术家偏向于较高一极,经常呈现出紧张困扰、激动不已等状态;而科学家则趋向于较低一极,亦即心平气和、闲散宁静等。通过比较研究,卡特尔坚信,正是这些人格特质的不同导致了艺术家和科学家的人格差异。"科学家的创造力总是通过许多不动情的、冷酷的事实练就出来的,因为在某种意义上说,科学家的理论总是必须在实践中发挥作用。而艺术家的高能紧张则证实了如下结论:艺术家是受到较多挫折的人,高度的焦虑对艺术创作来说,不像对科学创造那样有害。"②这一研究对于我

① R. B. Cattell & H. J. Butcher, "Creativity and Personality," in P. E. Vernon, ed., *Creativity*, Harnoondsworth: Penguin, 1970, p. 315.

② R. B. Cattell & H. J. Butcher, "Creativity and Personality," in P. E. Vernon, ed., *Creativity*, Harnoondsworth: Penguin, 1970, p. 322.

们理解艺术家的独特性是有帮助的,也比较符合我们对艺术家的经验的判断。

天才说与文化说

心理学的研究向我们揭示了创造性艺术家某些隐秘的层面,但仅有心理学的说明是不够的。比如,米芾再癫狂,再有天赋,对历史上其他书法家再蔑视,他也不可能脱离他所处的文化,并在其中接受熏陶和濡染。事实上正是如此,他之所以超越前人,乃是因为他先接纳了前人,尔后发现了不足和局限,因此才有超越的可能。换言之,对艺术家创造力的思考还必须回到社会学层面上来解释,这样才能完整地理解艺术创造的本质。因为心理的事实最终必然还原为社会的事实,艺术家决不是在封闭孤立的环境中生存的,所以创造力的社会因素分析不能忽略。

美学上关于艺术家创造才能的解释,大约有两种对立的看法,一是**天才说**,一是**文化说**。前者强调创造力乃天赋才能,决非文化所能;后者坚信,任何创造力的获得都有赖于特定的文化和社会。两种理论似乎各有各的理。依据天才说,艺术家的创造才能决不是后天习得的,比如莫扎特 4 岁时能在半小时内学会演奏一首小步舞曲,并已开始作曲。一位熟悉莫扎特的宫廷小号手在写给莫扎特姐姐的信中,提到了他 4 岁时作曲的情形,读来使我们不得不相信,他的确是位天才：

> 在一次做完星期四的礼拜之后，我陪着你爸爸回到你家，发现4岁的沃尔夫冈（即莫扎特——引者）手里拿着铅笔，正忙着。
>
> 你爸爸问："你在做什么？"
>
> 沃尔夫刚说："我在写键盘协奏曲，再一会儿第一部分就可以完成了。"
>
> 你爸爸说："给我看看，一定非常了不起。"
>
> 你父亲把乐谱接过来，把那满布音符的涂鸦给我看，音符大多写在改过的墨迹上。……起初我们还嘲笑这些涂鸦，可是不一会儿，你父亲开始注意到真正的内容：那些音符，整首曲子。他专心地研究那页乐谱，站了很久，最后两滴眼泪——赞赏的欣喜的眼泪——从他眼角流出。①

6岁时，莫扎特已经开始了他的演奏生涯，举办音乐会，从萨尔斯堡，到维也纳，乃至整个欧洲。显然，莫扎特的音乐天赋对其一生是起决定性作用的。他不是天才是什么呢？

然而，莫扎特的例子也可以换一个角度来解释，即用社会学的观点来解释。你可以说，因为莫扎特出生在一个音乐世家，他从小接受了音乐的熏陶，所以，音乐成为他生活中不可或缺的一部分，对

---

① 伍德福特：《莫扎特》，江苏人民出版社1999年版，第15—16页。

图 63　少年莫扎特像

他的童年产生了重大影响。设想一下,如果他生在一个与音乐隔绝的农民家里,既无乐器把玩,又无家庭音乐会,更没有那么多精通音乐的家人和朋友,那他会有怎样的人生道路呢?至少童年的天才轶事恐难寻踪迹了。即使他有音乐天赋,也极有可能被埋没。所以我们有理由认为,正是这种后天良好的音乐环境催生了这位伟大的音乐家,成就了他的音乐天赋。

看来,天才说和文化说都只说对了一半,或许两者合起来就是艺术创造力所以形成的真相。

从中国传统美学上说,艺术创造的极高境界常常就是一种"自然",好像并无文化的束缚和循规蹈矩。假如说文化的熏陶和濡染是学会艺术的种种技艺的话,那么石涛则一语中的:"至人无法。"高明的艺术家是无法可依的,就像康德所言,天才是给艺术制定规则的人。如果我们回到道家思想上来,这个问题更加玄妙了,天才不过是"道法自然"(老子)而已。细读庄子"庖丁解牛"的故事,所谓艺术家的天赋也就是那种"合于桑林之舞,乃中经首之会"的状态,是"所好者道也,进乎技矣",所以"以神遇而不以目视;官知止而神欲行,依乎天理"。庖丁完全进入一个"游刃有余"的境界,这就是艺术的极高境界。宋代大诗人苏轼颇有感触地说到自己的散文写作,"吾文如万斛泉源,不择地而出,在平地滔滔汩汩,虽一日千里无难,及其与山石曲折,随物赋形而不可知也。所可知者,常行于所当行,止于不可止,如是而已矣,其他虽吾亦不可知也。”[①]一切仿佛自然天成,率性而发,连他自己也说不清楚。

在西方美学中,也有一种传统的区分颇有意趣。传统上认为,有两种相对立的艺术家类型,一种叫作“心神迷乱”型,另一种叫作“制作者”。或用比较地道的中国式表述,前者是“天性”型的艺术家,后者是“工匠”型的艺术家。两者区别在于:前者多是自发的、着迷的和预言性的艺术家,后者是受过训练的、有责任心的工艺型的艺术家。前者多依赖自己的个性和天性,在其创作中往往显出较多灵气、创见和本然的东西,而后者则更偏向于技巧、规范和人为性,讲求技法规则,循规蹈矩。在美学上,一般认为前者是更富创造性的类型,而后者相对来说则较少创造性,较多工匠气。如果用中国美学话语来说,前者是得艺术之“道”,后者是只得艺术之“技”。从这个区分中,我们可以瞥见艺术创造性一些微妙的差别,前者似乎更加倚重作家内在的天性的因素,而后者更强调后天的培养和训练。

但问题在于,无论哪一种类型的艺术家,都要协调好内在天性和外在训练之间的关系,缺少任何一方面都将严重影响到创造力的形成。但是,这种协调并不是墨守成规,亦步亦趋。从概念上说,有两个要素构成了创造性的核心,第一是创新,亦即创始,首创和独

---

① 苏轼:《文说》,郭绍虞主编:《中国历代文论选》第二卷,上海古籍出版社1979年版,第310页。

创。没有新就没有文化的进步和发展,也就没有艺术那千差万别的个性风格和表现形式。这一点在中国古典美学中有很多论述。所谓"人未尝言之,而自我始言之"的说法,"不随世人脚跟,并亦不随古人脚跟。非薄古人为不足学也,盖天地有自然之文章,随我之所触而发宣之"(叶燮)。康德则以另一套语汇表明了同样的思想:天才就是具有非凡想象力的人,这种想象力就体现为独创性,大自然通过艺术天才来为艺术制定法规。所以,天才之作总是其他艺术家的典范。这就意味着,创造性的艺术家有一个重要的作用,亦即对现有的陈规和偏见的超越与批判。换一个角度说,社会文化一方面给予艺术家的成长提供了必要的训练和基础,另一方面又不可避免地把文化所具有的惰性和陈规强加给艺术家,进而束缚和限制他们。于是,突破这些陈规和传统,不断创新便成为他们的必然选择。

据毕加索的传记记载,这位蜚声西方画坛的大师,经常出没于一些儿童画展。有一次参观结束后,记者问他有何感想,毕加索说了一句发人深省的话:"我和他们(指儿童——引者)一样大时,就能画得和拉斐尔一样,但是我要学会像他们这样画,却花去了我一生的时间。"[①]毕加索的这段话究竟说的什么意思?有人认为这表现了大师的谦虚。其实不然!如果我们把毕加索的一席话和法国画家柯罗的一段日记自白联系起来,深刻的含义昭然若揭。柯罗在日记中写道:"我每天向上帝祈祷,希望他使我变成个孩子,就是说,

---

① 见潘罗斯:《毕加索生平与创作》,人民美术出版社1986年版,第339页。

他可以使我像孩子那样不带任何偏见地去观察自然。”[①]也许我们可以这样来理解毕加索的意思:他并不看中画得和拉斐尔一样好,他追求的是像孩子那样画。因为只有像孩子那样,他才能摆脱绘画中的陈规旧习,“不带任何偏见地去观察自然”。心理学的研究也发现,具有创造性的成人身上,往往会呈现出“第二次天真”或“返童现象”。人本主义心理学代表马斯洛指出:“我曾最强烈地意识到这一点,因为他们既是非常成熟的,同时又是很孩子气的。我称它为‘健康的儿童性’或‘第二次天真’。”“创造性在许多方面很像完全快乐的、无忧无虑的儿童般的创造性。它是自发的、不费力的、天真的、自如的,是一种摆脱陈规陋习的自由,而且看来很大程度上是由‘天真的’自由感知和‘天真的’、无抑制的自发性和表现性组成的。”[②]我们可以这样来描述社会文化与艺术家的关系,人的社会化和社会适应就是让你“长大成人”,甚至为了适应社会的种种规范和要求而“拔苗助长”。于是,孩子变得不再“孩子气”,成人则变得愈加世故老道。我们失去的正是柯罗所说的“不带偏见地去观察自然”的“儿童眼光”,更多的是依照长辈、家长、师长和权威的指示去做,是按规章办事,是循规蹈矩地生活,这就和我们与生俱来的童心和创造潜能失之交臂。这不能不说是一件憾事!

在提倡素质教育和人文素养的今天,在应试教育日益重技轻道

---

① 《西洋名画家论绘画技法》,人民美术出版社 1982 年版,第 73 页。
② 马斯洛:《存在心理学探索》,云南人民出版社 1987 年版,第 87、124 页。

图 64　毕加索《玩蝌蚪的帕洛玛》

的今天,强调审美的创造性显得尤为重要。现在,我们正面临着人类历史上空前的“泛创造性”的时代,创造性已不再是少数艺术家或科学家的特权,它日益成为每一个人追求的目标。马斯洛说得好:一个烧一流汤的厨师比一个画二流画的画家更具创造性。因此,提倡和培育创造性显得尤为迫切。保留我们每一个人自己的“儿童天性”,唤醒我们的“第二次天真”,不再是一个可有可无的任务。在这方面,美学和审美教育将承担自己的重任。

马克思说过,人是“按照美的规律来塑造”的,这种塑造不仅是对客观世界的塑造,同时也是对人自身的塑造。创造性之于人,乃是他的本质和必然性。哲学家说得十分精辟,人类的本质就在于其创造性:

> 创造性在今天被认为是最重要的人类特质。我们推理的能力不仅是认识的能力,也是构成力和创造力。我们之所以无与伦比,不仅仅是因为我们具有一幅综合的、客观的世界图画,我们还能建造一个我们自己的世界,并生产出宗教、法律、艺术,简言之,产生出全部文化领域。“智慧的人”正与“发明的人”是同一个意思。①

① 兰德曼:《哲学人类学》,贵州人民出版社 1988 年版,第 229、158 页。

关键词：

艺术家　创造性　创造性的人格　天才说　文化说

延伸阅读书目：

1. 阿瑞提：《创造的秘密》，辽宁人民出版社 1987 年版。
2. 何太宰选编：《现代艺术札记》，外国文学出版社 2001 年版。

▌风景九▐

看蒙娜丽莎看

在接受这方面，审美经验与日常世界的其他活动的不同之处在于它特有的暂时性：它使我们得以进行“再次观察”，并通过这种发现来给我们的现实以满足的快乐；它把我们带进其他的想象世界，由此适时地突破了时间的藩篱；它预设未来的经验，由此揭示出可能的行动范围；它使人们能够认识过去的或者被压抑的事情，由此使人们既能保持奇妙的旁观者的角色距离，又能与他们应该或希望成为的人物作游戏式的认同；它使我们得以享受生活中可能无法获得或者难以享有的乐趣；它为幼稚的模仿以及在自由选择的竞赛中所采用的各种情境和角色提供了具有典型性的参照系。最后，在与角色和情境相脱离的情况下，审美经验还提供机会使我们认识到，一个人自我的实现是一种审美教育的过程。

姚斯：《审美经验与文学解释学》

现在,我们对美学风景的欣赏已接近尾声。

从恢宏开阔的博大景观,到执于一隅的局部景象,相信你对其中的一些风景一定留下了深刻的印象。就像是对九寨沟高山湖泊的欣赏,或是对海南岛"天涯海角"的品味一样,我们对美学风景赏析,不但需要眼观,同时需要用心体会。

你也许注意到了,依照艾布拉姆斯的艺术四要素的理论,还有一个因素尚未进入我们的眼帘细心审视,那就是像你或你们这样的欣赏者。不消说,欣赏者是完整的审美活动中非常重要的一环。古典美学的理论通常对欣赏者关注不够,在古典美学格局中,现实、艺术家和艺术品往往是被强调的三个要素,而欣赏者的角色不是可有可无,就是无足轻重。古典美学向现代美学的过渡,欣赏者逐渐占据了美学思考的中心。道理很简单,如果缺少欣赏者,一切审美活动都不复存在。《离骚》和《红楼梦》被伟大的诗人和作家写出来,如果没有阅读这些文学杰作的读者,它们便永远处于沉默无语的状态;虽有《兰亭序》和《清明上河图》这样的书法和绘画杰作,但假如缺乏仔细琢磨玩味这些字画的欣赏者,它们也只能深藏在博物馆的展柜里而无人问津。更进一步,倘若少了欣赏者,不但伟大的艺术品会被冷落淡忘,而且创造他们的伟大艺术家也会被人们无情地忘却了。于是,现代美学提出了一个崭新的观念:艺术的历史不只是伟大艺术家及其艺术品的历史,更是这些大师的杰作被受众(各类欣赏者)审美接受的历史。缺乏审美接受一环,艺术史将不复存在,美学的思考也将是不可想象的。

顺着这个思路前行,我们不由得走到了审美接受的图景前面。

看《蒙娜丽莎》

艺术把欣赏者带入一个丰富多彩的境界,那是一个充满了想象力和情感的世界。很难设想,人类社会如果没了艺术该会是什么样子?中华民族的文化,如果没有诗经、汉赋、唐诗、宋词、元曲、明清小说,没有书法、建筑、戏曲、绘画和雕塑,那中华文明史该是什么模样?同理,西方文化如果少了荷马史诗、希腊雕塑、文艺复兴三杰、贝多芬的交响曲、凡·高的绘画,那又会怎样?用黯然失色来形容显然并不过分。

艺术是民族的备忘录,是文明的书记官,是历史的见证人……

我们之所以热爱艺术,因为艺术激发了我们的情感和想象力;

我们所以钟情于艺术,因为艺术让我们超越了刻板平庸的日常生活;我们所以流连于艺术,更因为在艺术中,我们瞥见了过去、现在和未来,我们在艺术中映现了我们自己。哲学家卡西尔说得好:艺术作品的静谧乃是动态的静谧而非静态的静谧。艺术使我们看到的是人的灵魂最深沉和最多样化的运动。但是这些运动的形式、韵律、节奏是不能与任何单一情感状态同日而语的。我们在艺术中所感受到的不是那种单纯的或单一的情感性质,而是生命本身的动态过程,是在相反的两极——欢乐与悲伤、希望与恐惧、狂喜与绝望——之间的持续摆动的过程。[①]

一件艺术品首先是一件人造物,但人造物不同于审美对象。从人造物转变为审美对象,乃是欣赏者的作用。没有人去的美术馆是死气沉沉的,没有人阅读的图书馆是冷冰冰的,没人光顾的音乐厅和剧院不过是一幢沉寂的建筑而已。从一个物质存在(作为人造物的艺术品),变成一个关于审美主体的精神存在——审美对象,这里有很多美学问题可深究。

让我们假想一个美学的情境,你正徜徉在法国巴黎的罗浮宫,在文艺复兴绘画作品的展厅里,达·芬奇的名作《蒙娜丽莎》展现在你的面前。此时,你注视着这幅伟大的作品,调动一切记忆和知识储备,欣赏着这幅杰作。也许,你折服于大师卓越的表现力,也许,你叹服于大师的深邃洞察力,也许……,也许……

① 卡西尔:《人论》,上海译文出版社1985年版,第189页。

历史上,已有无数的文人墨客吟咏过这幅无与伦比的杰作。我们不妨从一位法国华人学者的眼光来审视这幅画,开始一次独特的审美体验之旅!

罗浮宫是法国最著名的博物馆之一,以收藏古典艺术品而蜚声世界。两件镇馆之宝吸引了来自世界各地的艺术爱好者,一件是希腊雕塑《米洛的维纳斯》,一件是达·芬奇的名作《蒙娜丽莎》。《蒙娜丽莎》典藏于德农馆第六展室,每一天,第六展室的这幅画前人头攒动,观者如云。人们慕名而来,为的是一睹这幅旷世杰作的风采。

其实,它对我们并不陌生,在广告上,在画册上,在明信片上,甚至在文化衫上,"蒙娜丽莎"频频出场亮相。一些行家说,这种图像到处泛滥的复制其实妨碍了我们对原作的欣赏,使我们见惯不惊而很难产生新鲜的印象。因此,"我们不妨忘却我们所了解到的、或我们自以为所了解到的有关此画的一切,就像初次看到它一样来观赏它。这样,我们就会感到,它给我们的第一个印象是蒙娜丽莎那种达到了惊人程度的生动神态。她似乎看着我们,并在想着自己的心事。她仿佛一个活生生的人一样在我们面前改变着自己的神态,我们反复观看,每一次都会产生一点不同的感受。"①

旅法学者熊秉明有一篇精彩的散文,题为《看蒙娜丽莎看》,在这篇散文中,作者生动地分析了自己观画的丰富感受,精骛八极,浮想联翩,生动地揭橥了审美欣赏的诸多特征。文章是这样开头的:

---

① 贡布里希:《艺术的历程》,陕西人民美术出版社1987年版,第168—169页。

面对一幅画，我们说“看画”。

画是客体，挂在那里。我们背了手凑近、退远、审视、端详、联想、冥想、玩味、评价。大自然的山水、鸟兽、草木，人间的英雄与圣徒、妇女与孩童、爱情与劳动、战争与游戏、欢喜与悲痛，都定影在那里，化为我们“看”的对象。连上想象里的鬼怪和神祇、天堂与地狱、创世纪与最后审判；连上非想象里的抽象的形、纯粹的色、理性摆布的结构、潜意识底层泛起的幻觉，这一切都不再对我们有什么实际的威胁或蛊惑。无论它们怎样神奇诡谲，终是以“画”的身份显示在那里，作为“欣赏”的对象，听凭我们下“好”或者“不好”的评语。

欣赏者——欣赏对象。①

作者从看画说起，然后引入了美学上经常谈论的一对范畴：审美主体和审美对象。所谓审美主体亦即欣赏者，那个观画的人，在文中情境就是作者自己。所谓审美对象以及欣赏对象，在此就是那无与伦比的《蒙娜丽莎》。审美主体和审美对象，或欣赏者和欣赏对象，乃是相对的概念，彼此相辅相成。这就引申出一个颇为有趣的问题，在审美情境中，也就是说，只有当一个主体以一种特殊的**审美态度**去观照一个对象（或自然或艺术品）时，审美主体和审美对象的特殊关系才得以形成。此刻，作者是在看“画”而不是什么别

① 熊秉明：《看蒙娜丽莎看》，百花文艺出版社 1997 年版，第 1 页。

图 65 《蒙娜丽莎》

的,他既不关心这幅画价值连城的商业意义,也不想知道画所用的油彩的化学成分,甚至忘却了自己的“禄位田宅妻子”等现实事物,一个人“孤独地“沉浸在当下想象的情境里,忘我地、出神地欣赏着这幅画,“背了手凑近、退远、审视、端详、联想、冥想、玩味、评价。”作者说道:画中的“一切都不再对我们有什么实际的威胁或蛊惑。无论它们怎样神奇诡谲,终是以‘画’的身份显示在那里,作为‘欣赏’的对象”。这是表明:“画”的世界不再是一个现实的世界,因此不存在“实际的威胁或蛊惑”。换言之,我们把它当作一幅专供赏析的“画”,而非其他什么东西,这种心理定式在美学上就称之为审美态度。

关于审美态度,朱光潜有过形象的说法,他曾说道,面对一棵古松,不同的人会产生不同的态度。木材商关心的是木材值多少钱,植物学家关心的是古松的根茎花叶、日光水分,但画家面对古松则是另一种心态,他什么都不管,只是聚精会神地观赏松的苍翠的颜色,盘曲如龙蛇的线纹以及不屈不挠的气概。这三种对待古松的态度是迥然不同的,木材商持的是实用的态度,植物学家持的是科学的态度,而画家则以一种审美的态度对待古松。“实用的态度以善为最高目的,科学的态度以真为最高目的,美感的态度以美为最高目的。在实用态度中,我们的注意力偏在事物对于人的利害,心理活动偏重意志;在科学态度中,我们的注意力偏在事物间的互相关系,心理活动偏重抽象思考;在美感的态度中,我们的注意力专在事物的形象,心理活动偏重直觉。”①

小资料:审美态度

审美态度被认为是体验或观照对象的一种特殊方式。据说这种态度独立于任何与实用性、经济价值、道德判断或特殊个人情绪有关的动机之外,它关心的只是“为自身的原因”来体验对象。具体来说,欣赏者的状态是一种纯然超脱的状态,没有任何关于对象的欲念。审美态度也可以视为超越经验现实一般理解之上的非同寻常的升华插曲,或简单地看作是一种高度受动性状态,在这种状态中,我们对对象的感知比起我们所具有的其他欲念和动机更加自由不拘。所以,“无功利的”这个术语常常用于这样一种态度。

——《牛津哲学指南》,牛津大学出版社 1995 年版

简单地说,审美态度是人对审美对象产生的一种必然如此的心理倾向。面对一幅画,甚至是一片自然风景,欣赏者暂时忘却了其他任何功利的现实的考虑,只为欣赏对象而感受体验它。这时,特定的主体与特定的对象便构成了一种特殊的关系。我们很难想象一个人在进入审美情境时,仍在心里记挂着柴米油盐,考虑诸多实际事务。所以,有的美学家把审美态度描述为主体与对象的一种特殊的“心理距离”,有的美学家则断言审美态度日常意识的暂时“中

① 《朱光潜美学文集》第 1 卷,上海文艺出版社 1982 年版,第 451 页。

断”,等等。

从欣赏《蒙娜丽莎》的情境来看,欣赏者—欣赏对象是一个相对的关系范畴,没有欣赏者就不存在欣赏对象,反之亦然。如果画挂在美术馆的墙上无人光顾,它便失去了审美对象的意义。与此对应,一个人如果以功利的态度对待画(比如计算画的价值或想占有它),那也不存在审美主体。这种关系恰似一枚硬币的两面。挂在那里的画遭遇了一个前来欣赏他的人,或者说,一个人以审美的眼光津津有味地欣赏着面前的这幅画。审美对象相对于审美主体而存在,同理,审美主体又相对于审美对象而存在。这种关系提醒我们注意到一个事实,不存在脱离审美主体的审美对象,也不存在与审美对象无关的审美主体。从美学的角度说,一个人造物或一片自然风景并不直接等同于一个审美对象,作为物的艺术品或自然风景只有在遭遇了欣赏者审美的目光后,才完成这一转变。也只有实现这个转变,审美活动才最终得以完成。

相传明代哲学家王阳明有一次和友人游南镇,一人指着山间的花树问道:“此花在深山中自开自落,于我心亦何相关?”王阳明答道:“你未看此花时,此花与汝同归于寂;你来看此花时,则此花颜色一时明白起来;便是此花不在你的心外。”这话什么意思呢?当人不去观照它时,花虽在山里,却是默默无闻而黯然失色,花开花落,自生自灭,并不是我们欣赏的对象。反之,当人把欣赏目光投向花朵,那花仿佛在瞬间向人敞开,顿时变得明亮鲜艳起来。这说明,欣赏过程是主体和对象融汇一体的复杂过程,哲学家萨特曾形象地描述说:一片风景,如果没有人去观照,它就失去了“见证”,因而将不可避免地停滞在“永恒的默默无闻状态之中”。换言之,任何一个审美对象,无论它是一部艺术作品,抑或一片自然风景,它们都等待着欣赏者去发现,召唤着人们的介入。这说明,艺术创作的完成并不意味着艺术活动的终结。作家在文稿上写上句号,但对读者来说,这个句号是未完成的,是欣赏的开始,有待读者去解读;同理,画家在画面上签上大名,也不表明艺术过程结束了,而是召唤着观众的眼光。美学家杜夫海纳说得好:“一个剧本等待着上演,它就是为此而写作的。它的存在只有当演出结束时才告完成。以同样的方式,读者在朗诵诗歌时上演诗歌,用眼睛阅读小说时上演小说。因为书本身还只是一种无活力的、黑暗的存在:一张白纸上写的字和符号,它们的意义在意识还没有使之现实化之前,仍然停留在潜在状态。”①

从常识上说,在欣赏中主体与对象的关系中,人(主体)是主动的,而对象(艺术品或自然)则是被动的,它们等待着人去发现和欣赏。其实,从辩证的观点来看,对象从来不是被动的,有些美学家(如波兰美学家因加登等)坚持认为,审美对象本身具有一种“召唤结构”,它不断地向人发出邀请,吁请欣赏者进入它的世界。这个特征在《蒙娜丽莎》这幅画中体现得更是明显。艺术史上,对这幅画的另一别称是“谜一样的微笑”,说的是画面上的那妇人总伴有一

① 杜夫海纳:《美学与哲学》,中国社会科学出版社1985年版,第158页。

种神秘的微笑,仿佛有意要欣赏者猜测和琢磨一样。有人说,这正是该画独具魅力所在。达·芬奇出色地运用了自己的艺术天才,巧妙地在蒙娜丽莎眼角和嘴角处经营了柔和的阴影,使其神态变化莫测,充满了神秘感。更有趣的是,艺术史家们发现,无论观众站在画前的什么位置看画,画中人都以神秘的微笑注视着观者,此即熊秉明发明"看蒙娜丽莎看"这一短句的用心所在。作者在看蒙娜丽莎,蒙娜丽莎也在看作者呐！于是,作者发出了如下感慨:

> 然而走到蒙娜丽莎之前,情形有些不同了。我们的静观受到以外的干扰。画中的主体并不是安安稳稳地在那里"被看"、"被欣赏"、"被品鉴"。相反,她也在"看",在凝眸谛视、在探测。侧了头,从眼角上射过来的目光,比我们的更专注、更锋锐、更持久、更具密度、更蕴深意。她争取着主体的地位,她简直要把我们看成一幅画、一幅静物,任她的眼光去分析、去解剖,而且估价。她简直动摇了我们作为"欣赏者"的存在的权利和自信。①

蒙娜丽莎似乎在与其观众争着什么。她绝不是一个被动的任人摆布的奴仆,站在她面前,分明有一种平等的互动的交往吁求。其实,这正是审美欣赏的一个非常重要的特征——对话性。欣赏不

---

① 熊秉明:《看蒙娜丽莎看》,百花文艺出版社 1997 年版,第 1—2 页。

同于一般的交流,主体和对象之间是平等的、互相依存的关系。只不过《蒙娜丽莎》独特的艺术魅力更加凸显了审美欣赏的这个特征而已。所以作者深切感悟到画面上那人物更敏锐、更持久的目光。因为她竭尽全力也使自己成为一个活生生的主体,一个反转过来欣赏着观看她的观众的主体。于是,作者体会到艺术欣赏中的一个微妙的、变化着的关系:

> 这样的画和我们的关系,也不仅只是"欣赏者——欣赏对象"的关系。他们也有意要我们驱逐到欣赏领域以外去,强迫我们推倒存在的层次,在那里被摆布、被究诘、被拷问、被裁判、被怜悯、被扶持、被拥抱。①

确乎如此,当我们站在这幅画面前,你分明感到蒙娜丽莎的眼光:"她看向你,她注视你,她的注视要诱导出你的注视。那眼光像迷路后,在暮色苍茫里,远远地闪起的一粒火球,耀熠着,在叫唤你,引诱你向她去。而你也猝然具有了鸱枭的视力,野猫的轻步,老水手观测晚云的敏觉。"②

---

① 熊秉明:《看蒙娜丽莎看》,百花文艺出版社 1997 年版,第 3 页。
② 同上。

图 66　看《蒙娜丽莎》

进入“谜一样的微笑”

美学上有一种说法认为,审美的状态乃是一种“日常意识的中断”,即是说,当欣赏者凝神专注于一个欣赏对象时,暂时忘却了自己和现实世界的联系,进入了一个想象的、情感的世界。这时他暂时忘记了自己,处于一种哲学家所说的“自失”状态。阅读《红楼梦》,你流连于大观园的世界,与各色人物共欢乐,同悲伤;吟诵《离骚》,你沉浸在屈子“忳郁邑余侘傺兮,吾独穷困乎此时也;宁溘死以流亡兮,余不忍为此态也!”那一唱三叹的悲愤情怀之中;聆听柴可夫斯基的《第一钢琴协奏曲》,你为那博大激荡的悲剧情怀所深深感染。这时,作为欣赏者,你就进入了一个如王国维所言的“无我之境”“无我之境,以物观物,故不知何者为我,何者为物。”

换一个角度来说,这种审美欣赏的状态又可以视为艺术世界的吁请欣赏者所致。你“自失”于一个想象性的艺术世界,暂时忘却了自己当下的现实存在。因为艺术品本身就是一个完整的充满活力的世界。诗人布莱克诗曰:“一花一世界/一沙一天国/君掌盛无边/刹那含永劫。”这种意境可以用来描述艺术的世界。在审美的境界里,你的典型体验是:“我在世界上,世界在我身上!”

那么,你作为欣赏者是如何进入艺术品的世界呢?

“看画”这个动宾结构似乎表明了欣赏的过程,看是主体的一个动作,画是动作的对象,你看画便进入了艺术的世界。其实,欣赏的审美过程远比“看画”两字要复杂得多!

美学上关于审美观照(欣赏)的过程有种种不同说法,它是一个复杂的过程。以听音乐为例,这个过程至少可以区分为不同的阶段。美国音乐家科普兰把聆听音乐的过程描述为三个阶段:第一个阶段是“美感阶段”,这时听众是纯粹为了音响的优美动听而感受乐曲,不需要任何方式的思考,单凭音乐的感染力就被带入一种无意识的而又充满魅力的心境之中。第二个阶段是“表达阶段”。在这个阶段,听众开始琢磨和体会乐曲的主题思想和意义,体味乐曲所传达的情感,比如马勒作品中的悲剧性,莫札特作品中的欢快情调,拉赫马尼诺夫作品的浪漫情怀,德沃夏克作品中的怀乡情愁等等。第三阶段是所谓“纯音乐阶段”。在这个阶段,情感和主题已经淡化,呈现在听众面前的是音符和不同处理方式,特别是那些有音乐修养的听众,他们有意识地玩味着乐曲的旋律、节奏、和声和音色,通过曲式来把握乐曲的美妙。

不同于音乐家,哲学家更加深刻地解释审美现象。在德国哲学家哈特曼看来,欣赏音乐的过程也是三个阶段,它们与科普兰的概括有异曲同工之妙:

> 第一阶段:听者直接共鸣的层次;
>
> 第二阶段:深入乐曲中而内心感动的层次;
>
> 第三阶段:形而上学的层次(终极事物的层次)。

图 67　音乐会

引申开来,我们可以对这三个阶段的审美观照理论稍作发挥。第一阶段,所谓直接共鸣的阶段,是指欣赏者面对审美对象,“收视返听”,“用志不分,乃凝于神”。切断了与周围现实世界的联系,专注于当前的作品,并和作品产生了共鸣。比如,在诗歌中读到了文字、韵律、意象等等;在音乐中,听到了乐音、和声和旋律等等;在绘画中,看到了画面所表现的具体物象和色形线等。直接共鸣阶段就是作品对欣赏者的最初印象或直接信息。这个阶段大体上相当于科普兰的“美感阶段”。

第二阶段是深入到作品的内部,进入了更富想象和体验的世界。这时,欣赏者不仅看到、听到和读到了作品的表层意义,而且透过这些符号把握到其后复杂的、深邃的意味。至此,欣赏者反复地穿梭于作品表层直接信息与作品深层意蕴之间,调动自己的想象力和情感体验,沉浸到作品的世界之中,“精骛八极,心游万仞”。这个阶段与科普兰的“表达阶段”大致相当,听众被乐曲的主题和情调所感染,心有所动,情有所感。

第三阶段完全是哲学式的表述,进入一个沉思的、升华的过程。欣赏者由具体作品进入了更加带有哲学意味的境界。这时,欣赏者不但反复玩味着作品的意蕴,而且由此激发了对更加普遍深刻的事物的关怀和体认,深入到形而上的体验,诸如人生、历史和世界等宏大的关切由此而生。这是一种超越性的体验,是审美欣赏中最神秘的部分。哈特曼将其表述为进入形而上的层次,是终极事物的境界。

以下,我们跟随《看蒙娜丽莎看》的作者思路,一面去欣赏这幅西方艺术史上最伟大的艺术杰作,一面去逐个阶段地探寻审美观照的奥秘所在。

当作者面对《蒙娜丽莎》时,他首先看到了画面上直接呈现给他的东西,一个贵族少妇展现在面前:

> 在她的肌体发育到一定的时刻,便泛起饱和的滋润和鲜美。皮肤的色泽,匀净纯一之至,从红红到白白之间的转化,自然而微妙,你找不到分界的迹象。肢胴的圆浑,匀净纯一之至,你不能判定哪里是弧线,哪里是直线,辨不出哪里是颈的开始,哪里是肩的消失。你想努力去辨析,而终不能。……她在心灵成熟到一定的时刻,便孕怀着爱和智慧,宽容与认真,温柔与刚毅,对生命的洞识和执着。她的气体仍有美,然而锋芒已稍稍收敛了。活力仍然充沛饱满,然而表面的波沦已经平静了。……她懂得爱了,而且也爱过,曾经因爱快乐过,也痛苦过,血流过,腹部战栗过。她如果有诱惑,她能意识到那诱惑的强度,和所可能导致的风险。她是那诱惑的主人。她是谨慎的,她得掌握住自己的命运,以及这个世界的命运。①

作者面对一幅画,思绪万千,画面的直接印象不断地转化为间接的联想:从蒙娜丽莎的肌肤面容,到她由少女转向少妇的成熟,从她遭

① 熊秉明:《看蒙娜丽莎看》,百花文艺出版社 1997 年版,第 3—4 页。

遇爱情的激动到经历爱的苦痛和诱惑,从她面临的危险,到努力掌握自己命运,意味无穷。

第二阶段,作者从画面的直接内容进一步升华,调动了自己的想象,完全沉浸在《蒙娜丽莎》的世界中。作者在画中不但看到了贵族少妇蒙娜丽莎,而且从画中看到了欣赏者自己;不仅被画面人物的神秘诱惑所吸引,而且由此产生了更为复杂的情感体验:

> 她知道她在做什么。她向你睇视,守候着。她在观察。像一双优美的叠合的手,耐心地期待。
>
> 她睇向你,等你看向她。她诱惑你的诱惑,等待你的诱惑。
>
> 假使你不敢回答,她也只有缄默。假使你轻率地回答,她将莞尔报以轻蔑的微笑。假使你不能毅然走向她,她决不会迎向你。她在探测你的存在的广度、高度、深度、密度,她在探测你的存在的决心和信心。
>
> 她的眼睛里有什么秘密么?你想窥探进去,寻觅,然而没有。欠身临视那里,像一眼井,你看见自己的影子。那里只有为她所观测,所剖析你自己的形象。像一面忠实的明镜,她的眼光不否定,也不肯定。可能否定,也可能肯定,但看我们自己的抉择和态度。……她的眼光是一口陷阱,将我们的过去,现在和未来都一并活活地捕获。如果那眼光里有秘密可寻,那就正是我们的彷徨、惶悚、紧张、狼狈。爱么?不爱么?To be or not to be?

> 她终不置可否，只静待你的声音。她似乎已经料到你的回答，似乎已经猜透你的浮夸、轻薄、怯懦，似乎已经察觉到你的不安、觉醒，以及奋起，以及隐秘暗藏的抱负——于是嘴角上隐然泛起微笑。①

到了第三阶段，作者不但领悟了画面提供的直接意义，并将自己带入画的世界而产生进一步的复杂情感体验，而且开始了更加深邃的追问和遐想。作者不但探索画面表层意义和画面后的深层意义，而且展开了与画家的对话，并从画家的生平经历中提炼出更多的带有哲学意味的问题。这显然表明，对绘画作品的欣赏是不断升华的精神历程，是一个由表及里由浅入深的心路历程。

> 神秘的笑。因为是一种未确定的两可的笑。并无暗示，也非拒绝。不含情也非严肃的矜持 。她似关切，而又淡然。在一段模棱不定的距离里，冷眼窥测你的行止。
>
> ……芬奇是置身于这可怕的眼光中的第一人。而他就是创造这眼光的人。他在这可怕的眼光中一点一点塑造这眼光的可怕。
>
> 世界上的一切，对芬奇来说，都一样是吸引，激起他的探索，是对他的能力的测验、挑战。
>
> 向高空飞升，自高空而降的陨落；水的浮，水的流；火的燃

① 熊秉明：《看蒙娜丽莎看》，百花文艺出版社 1997 年版，第 4—5 页。

> 烧,火的爆炸力跨过齿轮,穿过杠杆,变大,缩小,栖在强弩的弦上。……云的形状,山峰的形状,迷路在山顶的海贝,野花瓣萼的编制,兽体的比例,从狮子的吼声到苍蝇翅膀的嗡嗡……都引起他的讶异、探问、试验。……神与魔,光与影,美与丑,物和心都给他同等研究、探索、描绘的欲求和兴致,……
>
> 但是,女人,这一切诱惑中的诱惑,他平生没有接近过。他不但不曾结婚,而且似乎没有恋爱过。翻完那许多手稿几乎找不到一点关于女人在他真实生活里的记录。……芬奇和蒙娜丽莎,也就是芬奇和女性的关系。而芬奇和女性的关系,也就是芬奇和世界一切事物的关系。一切事物都刺激他的好奇、追问,一切事物于他都是一种诱惑,而女性的诱惑是一切诱惑的集中、公约数、象征。①

至此,作者展开了一段带有哲学意味的玄思冥想,将芬奇与他表现对象之间的关系,上升到哲学高度来推证:“这纯诱惑与追求之间有一条形而上学的距离,如果诱惑者和被诱惑者一旦相接触了,就像两个磁极同时毁灭。没有了诱惑,也没有了追求。这微笑的顾盼是一永远达不到的极限,先验地不可能接近的绝对。于是追求永在进行,诱惑也永在进行。无穷尽地趋近。”②这就解释了为什么《蒙娜丽莎》总是带有“谜一样的微笑”,这不只是一个艺术表现技法问

---

① 熊秉明:《看蒙娜丽莎看》,百花文艺出版社1997年版,第5—9页。
② 同上书,第9页。

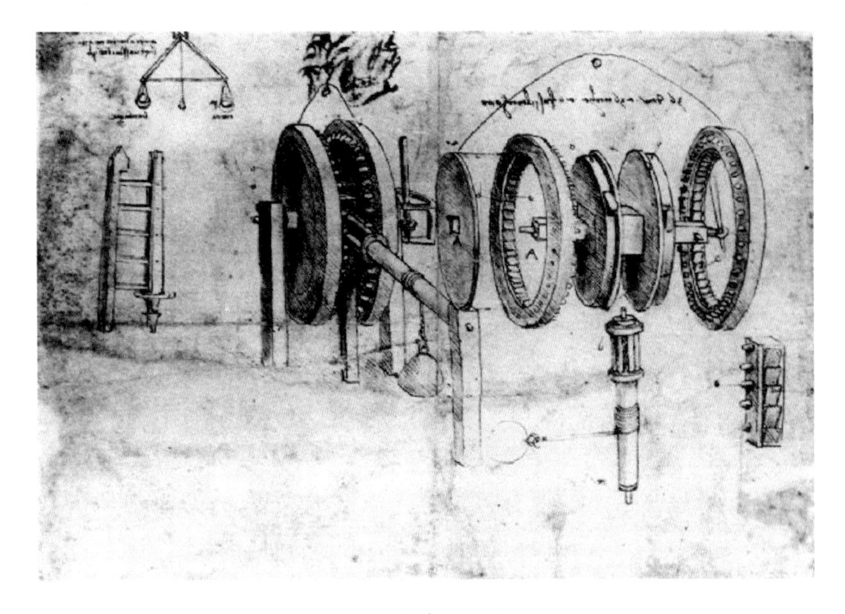

图 68　达·芬奇所绘的工程图

题，诸如眼角和嘴角这些最富表情的部位处理微妙的阴影，而且是一个哲学问题，是一个画家与其所表现人物之间复杂的若即若离的心理关系，也就是画家与其世界的关系。所以，神秘才从画面隐现出来，使之成为艺术史上不可企及的典范。

> 而此刻，我们，立在芬奇坐着工作了多少昏晨的位置上，我们看蒙娜丽莎的看。在蒙娜丽莎的目光焦点上，她不给我们欣赏者以安适、宁静，她要从我们的眼窍里摄出谛视和好奇，搜出惊惶与不安，掘出存在的信念和抉择的矫勇，诱惑出爱要炽燃，和爱之上的追问的大欲求，要把我们有限的存在扯长，变成无穷极的恋者、追求者、奔驰者，向落在太空里的人造星，在星际，在星云之际，永远飞行，而死在尚未触到她的时分，在她的裙裾之前三步的距离里。[①]

至此，作者已从一个贵妇人的肖像畅想开去，探问到许多人世间的生存和意义问题，艺术家与其世界的关系问题，男人和女人的关系，甚至触及探问本身的性质。我想，你凝视《蒙娜丽莎》时，一定也会有自己的遐想和感悟，将自己对人生和世界的理解融入其中，透过画家的眼光去看蒙娜丽莎，又透过自己的眼光去看蒙娜丽莎如何在看你自己。这目光的交流和互动，这思绪的游弋和碰撞，便构成了审美活动那充满活力的动态过程。

---

① 熊秉明：《看蒙娜丽莎看》，百花文艺出版社 1997 年版，第 13 页。

审美趣味

也许,你会说,《看蒙娜丽莎看》的作者是一位具有很高美学修养的人,他从《蒙娜丽莎》中体悟到的东西,决非一般欣赏者所能。这话有一定道理。俗话说,“外行看热闹,内行看门道。”不同的美学修养自然决定了不同的欣赏效果。熊秉明深谙西方艺术史,又有艺术实践经历,欣赏起画来自然非同常人。这就从另一个角度提出了**审美趣味**的培育问题,审美教育的核心任务就是不断提高人们的欣赏趣味。

那么,何为审美趣味呢?

从西语的词源学角度说,趣味概念来源于拉丁语“品尝”,经由美学家的不断限定,趣味在美学中的意义大约包含这样几层意思。首先,趣味是一种鉴赏力,是审美活动中主体对对象的鉴赏判断。从美学史角度说,趣味往往可以区分为“良好的趣味”和“糟糕的趣味”。它们往往和艺术中的经典和规范相关。能够欣赏品鉴这些经典,或者说被这些经典所熏陶的趣味,就是“良好的”,反之则是“糟糕的”。其次,趣味又是一个主体范畴,标志着个体对特定对象所呈现出来的审美偏爱。即是说,趣味是一种选择性的情感判断。从词源上说,趣味原本是指品尝味道,它与个体的口味有关。有人喜欢咸,有人喜欢淡,有人轻口味,有人重口味,所以美学上有一句谚语,叫作“趣味无争辩”。这种观念似乎又否定了前面关于趣味好坏的标准,既然是无争辩的,也即趣味是相对的。这个意义上的审美趣味其实很接近道家美学所说的“味”。比如老子说“道之出口,淡乎其无味”,他又说“为无为,事无事,味无味”。这就是一种中国人独有的审美趣味了,所以老子又说“恬淡为上 ,胜而不美”,王弼发挥说,“以恬淡为味”,这些论述都鲜明地标示出中国古代美学的审美趣味。我们在前面讨论中国美学特征时已有所论述,这里不再展开。

小资料:审美趣味

趣味这个词最初来源于拉丁语“品尝”。其专门的含义(亦即五官之一)后来被拓宽了,并被比喻性地加以使用。存在着诸多不同的趣味。比如,在文艺复兴时期的欧洲,艺术和设计中的趣味——常常是富有而热衷于自己形象的人之特权——是建立在对古希腊和罗马的雕像的模仿基础之上的,从发式到文学形式,从雕塑到花园设计。与此相反,在20世纪早期,现代主义则把趣味视为一个与形式和功能密切相关的领域,与机器生产的纯粹性和新技术材料密切相关。后现代主义的出现则提出了如下难题,“良好的”或“糟糕的”趣味概念是怎样和阶级 、社会状况、种族以及性别联系在一起的。当代关于趣味的观念很大程度上是忽略经典而热衷于折中主义的美学，这种美学接纳来自世界上每一种类型和各种水平的文化。

——《布鲁斯伯里人类思想指南》，布鲁斯伯里出版公司 1993 年版

审美趣味是美学的核心问题之一，也是美育的重要课题。不同的时代有不同的审美风尚，它们凝聚在不同的审美趣味之中；而不同的民族亦有自己特定的审美趣味，比如中国古典艺术中体现出的种种审美趣味；再者，不同个体亦有各自的审美偏爱，有人喜欢听音乐，有人喜欢读小说，还有人热衷于观赏戏剧，即使是喜好同一种艺术，也有对不同风格的偏爱之分。回到《蒙娜丽莎》的欣赏上来，《看蒙娜丽莎看》的作者熊秉明显然有很好的艺术修养和审美趣味，因而对《蒙娜丽莎》的赏析极富想象力，不但对画面本身的意味作精细解读，而且跳出作品，进入了达·芬奇的生平经历，并连带出许多富有哲学意义的问题。毫无疑问，不断地有意识地培育自己的审美趣味，使之能欣赏各种形态的艺术和自然，敏锐地把握对象之美妙，丰富自己的生命体验和情感生活，这是艺术和美学对于社会进步所发挥的重要功能。

美学上对趣味的探讨有不同的路径。审美心理学着重于探究趣味作为一种心理现象的奥秘何在。比如，不同欣赏者有不同的审美偏爱，和他们的不同性格特质有无关系。刘勰在《文心雕龙》中写道，不同的人欣赏文学会有完全不同的感受，甚至他们要看的东

西和看到的东西亦有很大不同,所谓“慷慨者逆声而击节,酝藉者见密而高蹈,浮慧者观绮而跃心,爱奇者闻诡而惊听”①。

心理学家发现,在各式各样的性格中,就审美欣赏来说,大致可以区分出四种不同的主要类型。这四种人在欣赏作品时有很大的差异。比如,就对色彩的欣赏来说,有的人对令人愉快的色彩的判断,多限于色彩自身的属性来理解,诸如色彩的饱和度、纯净程度、亮度等等;另一类人则不同,他们对色彩的反应着眼于色彩之于欣赏者所引发的效果和感受。某些色彩使人愉快,是因为这些色彩给人以宁静温暖的感觉,另一些色彩令人不快,乃是由于色彩使人眼花缭乱;还有一些人对色彩的反应较多地集中在色彩所导致的联想上,他们更容易把个人的经历和体验带入对色彩的判断,一种色彩是否令人愉快,这取决于它所引发的特定联想是什么;最后一类较为特殊的欣赏者,特别喜欢将性格因素透射到色彩上去,比喻性地理解色彩的性质和美感。比如,对于招人喜爱的色彩,他们的解释是这些色彩“活泼”“勇敢”,或是“诚实可信”,或是“富有同情心”;而另一些色彩所以引起不快,乃是由于它们“太顽固”“危险”“具有攻击性”等等。仅色彩一个项目的欣赏便有如此之多的不同审美反应,这说明,在纷繁复杂的艺术欣赏实践中,不同性格的确会对欣赏有所影响。心理学家对这四种基本的欣赏者心理类型做了如下

① 刘勰:《文心雕龙·知音》,郭绍虞主编:《中国历代文论选》第1卷,上海古籍出版社1979年版,第299页。

概括：

客观型：对艺术品采取理智的和批判的态度，喜欢作分析。面对绘画作品，这类欣赏者依据画面的清晰或朦胧、色彩的搭配、明暗变化，以及画面的形象等作出判断。能对音乐作品作出客观的评价。

主观型：对色彩敏感，反应强烈，强调个人偏爱。欣赏者自身的情绪状态对体验艺术品有深刻影响。对音乐作品的欣赏往往体现出强烈的情感反应。

联想型：对抽象因素感兴趣，特别容易产生联想。个人经验对当下观照的联想具有重要作用。往往从作品中展开印象丰富的个人联想世界。

性格型：喜欢用对性格特征的理解来解释艺术品，从艺术品中感受到人格的和情绪的特征。喜欢用个人的性格因素和特点来描述或投射作品。[①]

从以上主体的心理类型的分类来看，的确存在着不同的知觉态度或倾向。粗略地说，主观型和联想型的欣赏者对应于再现性的作品，性格型的欣赏者对应于表现性的作品，而客观型和性格型的欣赏者则偏向于形式主义的作品。因为主观型的欣赏者往往对作品

---

① 瓦伦汀：《美的实验心理学》，北京大学出版社 1991 年版，第三章、第七章和第八章。

的内容敏感，而且常常将个人的生活经验带入审美欣赏过程之中；联想型的欣赏者和主观型比较接近，他们受到自己日常生活经验的影响，常常从艺术品所描绘的内容中延伸出去，进入更加个性化的联想世界；性格型的人对性格特征反应敏捷，往往会将一些人的特征投射到艺术品之中，所以对于艺术品所传达的艺术家的情感因素很敏感；而客观型的欣赏者常常面对作品采取理智的批判的态度，欣赏过程中不受个人主观因素的干扰，可以准确地把握艺术品的形式特征。

如果我们以这四种性格类型的欣赏者，来分析对《蒙娜丽莎》的欣赏，也许可以引申出许多不同的结果。客观型的欣赏者往往是艺术家或具有较高艺术修养的人，他们对画作的欣赏常常偏重于对形式、技巧等因素的客观分析。所谓“内行听门道”，说的就是这个意思。所谓“门道”也就是艺术品构成的各个层面，比如绘画中色、形、线、构图的运用，诗歌中遣词造句、节奏韵律的特色，戏剧中舞台、表演、性格冲突等。这个问题在音乐欣赏中体现得最为明显，一般听众对音乐的欣赏大多停留在其印象、情感等层面上，而具有专业知识的音乐家则可以透过乐曲直接把握到和声、旋律、主题、配器等多种音乐要素。前面引述的美国音乐家科普兰所说的音乐欣赏的第三阶段——“纯音乐阶段”——就是讲的这种情况。客观型的欣赏者是一种分析性的，他们往往抑制自己的主观理解，恰如步入“无我之境”，“以物观物”一样。就《蒙娜丽莎》的欣赏而言，客观型的人更专注于画面的种种构成要素，尤其是其形式层面的诸种要素的分析和理解。

主观型与客观型相对,如果说客观型是“无我之境”“以物观物”的话,那么,主观型则正好相反,它是“有我之境,以我观物,故物皆著我之色彩”(王国维语)。换言之,主观型的欣赏者面对审美对象反应敏捷而强烈,带有明显的个人倾向性和情绪性。就《蒙娜丽莎》的欣赏而言,这类欣赏者会被画面贵妇人的美貌和神秘所吸引,产生情绪共鸣。主观型的欣赏者对作品的理解带有明显的个人色彩,一方面他们很容易进入一种情绪反应状态,另一方面他们也很容易偏执于自己的主观感受。

联想型和性格型的欣赏者与主观型较接近,他们都偏向于对审美对象的主观体验和解释,只是三者的侧重有所不同。如果说主观型较多地倾向于情感反应的话,那么,联想型则偏向于个人生活内容,而性格型也明显地带有拟人化的情感投射,将一切视为有生命之物而且具有性格特征。就《蒙娜丽莎》的欣赏来说,联想型的欣赏者可能会从画面的直接内容转移到自己的个人经历中来,恰似黛玉葬花一样。而性格型的人却是倾向于从人的性格角度来理解画面内容,对“谜一样的微笑”的神秘性作出种种个人的解释和猜测。

尽管我们可以相对地区分出四种不同性格类型的欣赏者,但是,紧接着必须强调,这种区分只是一个理想模式的区分,在具体的审美实践活动中存在着大量难以区分的欣赏者性格类型,即使说这四种类型具有一定普遍意义的话,那么,在运用它们来分析具体的欣赏情境以及审美反应时,也必须注意到相互渗透和交叉的情形。

在这四种类型之间存在着广大的灰色区域。所以,以上区分只是在相对的意义上成立。就《看蒙娜丽莎看》一文的作者来说,他显然是倾向于主观型或联想型的欣赏者,从一幅画引申出去,他联想到了许多复杂的内容,既包含个人的情感反应,又有对画面人物和画家生平的追溯解析,而后一方面似乎又和客观型的欣赏者较为接近。

不同于审美心理学的内在研究,审美社会学的研究则把焦点放在趣味形成的外部社会条件上。在这方面,法国社会学家布尔迪厄的研究很有代表性。他认为,所谓审美无功利性和普遍的愉悦,这种源自康德的看法,其实是特定历史阶段美学思想的反映。这种美学观只是针对富裕而闲暇的资产阶级才能成立。恰如马克思所说的,一个正在为温饱问题而忧心忡忡的穷人,对最美的景色也无动于衷。布尔迪厄广泛收集了法国现代社会各种与审美趣味相关的资料,努力证明一个事实,康德所热衷讨论的这种审美趣味只是资产阶级的特权,对于普通劳动阶层来说,是完全不适用的。更进一步,布尔迪厄发现,所谓的审美趣味其实并不存在什么共同的标准和尺度,有的只是不同阶层社会生活的习性所培育的不同趣味标准。沉溺于古典音乐的贵族精英,自然会对古典音乐高雅的趣味和鉴赏力沾沾自喜;而生活在下层的劳动者却有自己审美的乐趣和看法,他们也许热衷于民歌和流行歌曲。从这个角度来看,审美趣味的阶级差异就是一种社会学意义上的“区隔”,它揭示了不同社会集团和阶层的文化偏爱和喜好。较之于审美心理学的思考,审美社会学的分析更加尖锐和深刻,它把看似自然的内化的审美倾向置于外部社会影响的解释。在一个存在着阶级及其文化差别的社会中,审美趣味的普遍标准最终不过是一种幻觉。转向人的社会生存条件,转向他们习性的分析,对于思考审美趣味的形成以及功能,无疑是有所帮助的。

意象与意味

审美过程中充满了奥秘,为什么你看悲剧时会流下同情的眼泪?为什么你面对喜剧则开怀大笑?为什么你把银幕上移动的影像当作活灵活现的真人?为什么你欣赏书法时瞥见了书家气质?种种追问都指向一个问题:审美活动中,主客体的互动交融创造出了审美意象。

在中外美学史上历来有“美在心”和“美在物”两种观点的针尖对麦芒。从各自理论的立场出发,似乎两种看法各有各的道理。一朵花的美不在花自身在哪里呢?“美在物”理由很充分。可是相反的观点认为,没人去欣赏花,花又有何美可言?拜伦那脍炙人口的诗句“美总在观者眼里”,也很理直气壮。对一个不懂得欣赏美的人来说,美确实并不存在。

其实 ,两种看法是各执一隅,只见山前或山后,未见山之全貌。你也许可以设想,所谓美既不在“心”亦不在“物”,而在“心”与

“物”交汇过程之中。诚如我们前面说过的，一个人造物(一本书或一幅画)还算不得是严格意义上的审美对象，如王阳明所说的“你未看此花时，此花与汝同归于寂；你来看此花时，则此花颜色一时明白起来”；如萨特所言，没人见证的风景，不可避免地停滞在“永恒的默默无闻状态之中”。一方面，审美主体有一种介入对象的意向性，另一方面，审美对象又有一种吁请主体介入参与的“召唤结构”。在这个对象向主体敞开、主体静观对象的过程中，便生成审美活动的中介物——**审美意象**。它既不是物本身，亦不是心自体，而是心物两者互动共生的产物。审美的奥秘，无论美也好，崇高也好，悲剧也好，喜剧也好，怪诞也好，都存在于这个中介物——审美意象之中。

你的文学作品阅读经验可以很好地说明这一点。当你阅读王维的诗“明月松间照，清泉石上流”(《山居秋暝》)，或“江流天地外，山色有无中”(《汉江临泛》)，或“大漠孤烟直，长河落日圆”(《使之塞上》)，生动的意象便涌现出来。这些意象既是诗句语言描绘的修辞效果，又是读者内心想象的产物。于是，感动读者的那些意象以及随之而来的审美情感，便在对象与主体的互动中生成出来。读者一方面调动自己的日常经验来丰富这些意象，另一方面又不断从诗句修辞语义中寻找意象。中国古代诗歌中独特的田园诗便形成独具魅力的美，它把诗歌与读者融为一体，使读者仿佛身临其境，眼前的自然美景铺陈开来。不仅诗歌如此，一切艺术品的欣赏均是如此。回到《蒙娜丽莎》上来，当观众面对这幅作品时，所面对的并不是蒙娜丽莎这个人本身,而是她的形象的艺术表现。"这不是一只烟斗"的判断在这里同样适用。但是,观众在画面的诱导提示下,有一种将画看作是那个所指的对象本身的心理意向。虽然不是真人,却想象地把她看作是真人。这就是美学上所说的"看作"或"视为"原理。

哲学家维特根斯坦曾经对一个"鸭—兔图形"做过深入分析。这个图形其实既不是鸭子,也不是兔子。但是,当你去审视这个图形时,它既可以被看作是一只兔子的头,也可以被看作一只鸭子的头,但不可能同时既是一只兔子又是一只鸭子。这表明,对象的图形是一个模棱两可的图形,它向观者提示了两种可能性;而观看这个图形时,你把它要么看作是鸭子,要么是兔子,这里的"看作"便是观者和图形之间的一种默契和互动的产物。为什么这个图形叫"鸭—兔图形"而不叫别的?而你为什么要么是"看作"鸭、要么是"看作"兔?因为"我真正看到的东西必定是该物的意象在我心中产生的东西",也就是说,图形在提示观者,观者同时又在投射图形。"如果你在图形(1)中寻找另一个图形(2),接着找到了,你以新的方式看图(1)。你不但能够为它做出新的描述,而且注意到第二个图形是一种新的视觉经验。"①从这个意义上说,图形与观者之间的互动也可以"看作"式的一个发现过程。

无论鸭或兔,它都既不完全是图形本身,也不完全是观者的主

---

① 维特根斯坦:《哲学研究》,三联书店 1992 年版,第 270—278 页。

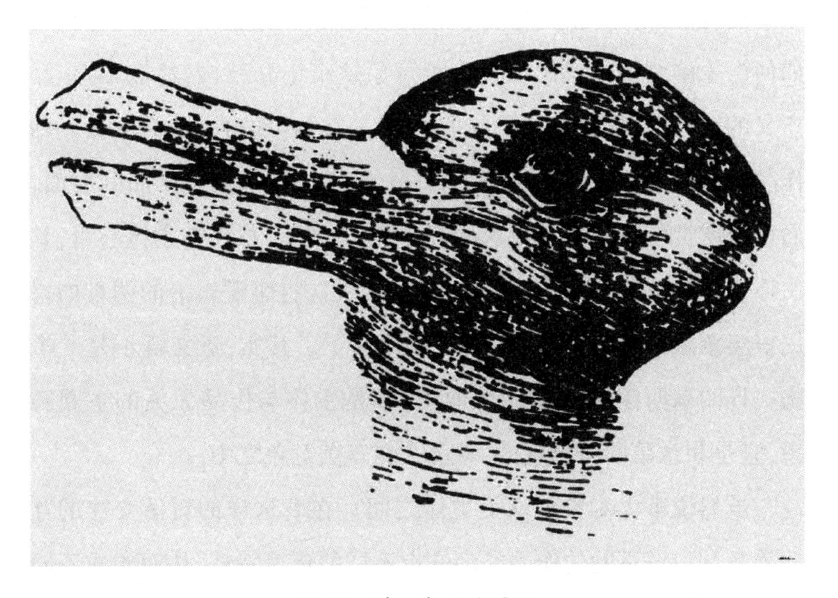

图 69　鸭—兔二岐图形

观臆造,而是在主体与对象之间产生的第三物——审美意象。无论是再现论所强调的作品再现的逼真图景,抑或表现论所突出的作品所传达的艺术家情感,还是形式论所主张的“有意味的形式”,都只能在审美意象的生成中去寻找。

由此便触及一个更加复杂的美学问题:一部艺术作品的**意义**是如何产生的?如果我们没有审美意象这个中介结构,那么,对作品意义的解释很可能落入“美在心”或“美在物”的对立二分窠臼。即作品的意义要么在作品自身,像一个实物一样深藏在作品的后面,而审美欣赏就是挖掘寻找这种实体意义;要么,意义在主体心里,是主体的主观臆测的产物,与作品本身无关。这个逻辑上的两难如果用审美意象的理论来考察,便迎刃而解了。其实,意义既不是一个物一样的东西深藏在作品后面,也不是主体与作品无关的主观臆想,它是和意象同时出现的,就蕴含在审美意象之中。

虽然说审美对象和审美主体之间存在着这样的对话交往的互动关系,但是,不同的作品类型亦有不同的审美特性,从而构成不同形态的审美意象。这里,我们来简单讨论一下法国美学家巴特的一对概念——“可写的文本”和“可读的文本”。在巴特看来,传统美学过于强调作家的权威及其对作品意义的控制,这样的作品大都以写实性见长,意思明确,容易阅读,充满了写作的程式和俗套,因而不具挑战性。这样的作品(大都是古典作品)就是“可读的文本”。另一类文本则带有相反的特征,作者的权威地位不再,日益让位给读者来解读。这样的作品(大都是现代作品)往往没有什么固定的意义,而是保持了多义和含混,需要读者进一步琢磨和体会。换言之,这样的文本要求读者自己"重写",把意义从作者的垄断中解放出来,赋予读者更多的自由。所以他说,作者之死才是读者的诞生。这种说法不免有点极端,却也道出了审美活动中欣赏者的重要作用。他把这类文本称之为"可写的文本",就是读者可以不断加以重写的文本。另一位法国哲学家利科则从解释学角度对这一审美特征做了深入阐发。他认为,科学的作品要求其语言的明晰性、准确性和非歧义,而诗歌语言反其道而行之。它力求保持自身的含混和多义,以此来保持艺术语言的新鲜活力。"诗是这样一种语言策略,其目的在于保护我们的语词的一词多义,而不是筛去或者消除它,在于保留歧义,而不在于排斥或禁止它。语言……同时建立好几种意义系统,从这里就导出了一首诗的几种释读的可能性。"①如果我们把这种看法转到对欣赏的要求上来,显然,艺术的欣赏过程和艺术的创造过程一样,也具有发现和创造的特性。欣赏者绝不是一个被动的角色等待着艺术家的给予,毋宁说审美意象乃是欣赏者的发现。

欣赏者也是审美的创造者,他们和艺术家一样功不可没。

关键词:

审美态度　审美趣味　审美意象　意义

---

① 胡经之主编:《20 世纪西方文论选》第 3 卷,中国社会科学出版社 1989 年版,第 301 页。

延伸阅读书目：

1. 伯杰:《看之方式》,周宪主编:《视觉文化读本》,南京大学出版社 2013 年版。

2. 巴特:《从作品到文本》,高建平主编:《外国美学》,第 20 辑,江苏教育出版社 2012 年版。

能兴者谓之豪杰

生命的境界广大,包括着经济、政治、社会、宗教、科学、哲学。这一切都能反映在文艺里。然而文艺又不只是一面镜子,映现着世界,且是一个独立的、自足的形相创造。它凭着韵律、节奏、形式的和谐、彩色的配合,成立一个自己的有情有相的小宇宙;这宇宙是圆满的、自足的,而内部一切都是必然性的,因此是美的。

文艺站在道德和哲学旁边能并立而无愧。它的根基却深深地植在时代的技术阶段和社会政治的意识上面,它要有土腥气,要有时代的血肉,纵然它的头须伸进精神的光明的高超的天空,指示着生命的真谛,宇宙的奥境。

文艺境界的广大,和人生同其广大;它的深邃,和人生同其深邃,这是多么丰富、充实!孟子曰:"充实之谓美。"这话当作如是观。

——宗白华《美学散步》

大幕即将落下，演出即将结束。然则，结尾常常是意味深长的，充满了耐人寻味的深邃意蕴。

我们在“带风景的房间”里，透过最后一个窗口，欣赏着最后一幕风景。当然，“最后”并不是终结，毋宁说是新的“起点”。穿过这风景，我们便带着美学的智慧进入自己的生活世界，进入各自独特的生命家园。在那里，美学不再是一种书本知识，也不再是一种抽象的学问，而是转化为自己的生存体验和精神求索；在那里，美学不再是枯燥的原理和逻辑的范畴，而是切实地提升你生存质量的有效策略；在那里，美学成为一种可以融入个体的日常行为的人生智慧，使你应对生活时如庖丁解牛而游刃有余；在那里，美学不再是美学，而是成为你努力追求的人生境界和高尚人格。

比较来说，智慧很难像知识那样传授，它更多地需要内心觉悟，需要更深入的反省和体认。在欣赏完美学的风景之后，你也许会掩卷深思，重新思索一下自己生活的方方面面，考虑一下美学能带来什么教益,能给你什么人生智慧。这样,你就不但知晓了什么是美学,而且超越了美学的知识层面,进入深邃的美学的精神内核。

这"最后"的风景,又何尝不是寻觅你自己生存新景象的起始呢?

超越日常生活

也许,现在你会提出这样的问题,我们讨论了美学的诸多层面,分析了不少美学命题和关键概念,它对我的实际生活起作用吗?学习经济学,可以帮助我们从事经济活动,至少对家庭理财有用吧!学习法律知识,可以当个律师什么的,帮助别人打官司,至少对自己的生活有用。了解了心理学,一方面可以知晓人的心理活动规律,另一方面也可以不时对自己作心理分析。那么,美学用处何在?

其实,并不是每门知识都可以直接转化为现实的有用之物。一般来说,社会科学的知识带有明显的应用性质,技术学科的理论可以直接用于生产实践,而人文学科的知识往往缺乏这种直接的应用性或实用性。比如,你学习了文学、历史或哲学,似乎很难将这些知识转换为生财之道或经营之道。美学作为人文学科知识之一,虽没有应用科学那样的实用性,但"无用"乃"大用"也!尽管美学不能教会你如何赚钱、如何打官司、如何协调人际关系,但它却可以提升你的精神境界和审美趣味,丰富你的人生情感和体验,健全你的人格,丰富你的智慧。跳出美学的知识性,你可以看到美学更像是一种带有人文意味的生存智慧。所以,要把握美学的真谛,还得从生存性的人文智慧角度来理解。

清代著名思想家王夫之曾经说过一段极其精彩的话,这段话我们前面曾引用过,这里我愿不厌其烦地再引用一回:

> 能兴者谓之豪杰。兴者,性之生乎气者也。拖沓委顺,当世之然而然,不然而不然,终日劳而不能度越于禄位田宅妻子之中,数米计薪,日以挫其气,仰视天而不知其高,俯视地而不知其厚,虽觉如梦,虽视如盲,虽勤动其四体而心不灵,惟不兴故也。圣人以诗教以荡涤其浊心,震其暮气,纳之于豪杰而后期之以圣贤,此救人道于乱世之大权也。[1]

再次咀嚼王夫之的话,你一定有新的体会了。在这一陈述中,王夫之描述了两种全然不同的情境,一个情境呈现为眼界狭隘,意志消沉,感觉迟钝,心灵充满暮气,终日斤斤计较,被日常生活的琐屑平庸所遮蔽;另一情境则相反,生机盎然,心胸阔大,敏锐而有豪杰气象。前者更像是一个在日常生活中被消磨了意志而没有趣味的人,眼前只有柴米油盐禄位田宅;后者则是一个更高的境界,人性被升华了,精神被激活了,人变得富有生气和胸怀,超越了前一境界的种

---

① 王夫之:《俟解》,转引自叶朗:《中国美学史大纲》,上海人民出版社 1985 年版,第 52 页。

种局限与束缚。王夫之所说的“兴”,正是审美感兴和体验,所以他讲“圣人以诗教以荡涤其浊心,震其暮气”,并把审美视为一种“救人道”之“大权”,充分彰显了中国美学的人文意义。

审美真的有如此功能吗?美学真的有救助人心的潜能吗?

美学史上秉持这样信念的人不在少数。从亚里士多德的悲剧“净化说”,到席勒的审美有弥合人性分裂的游戏功能的理论,到黑格尔审美带有令人解放的性质的思想,到马克思所强调的人是依照美的规律来塑造物体的,到克罗齐指出的美学有解放之功能,再到法兰克福学派虔信审美是一条通向主体解放的道路等,这些看似玄奥的理论和学说,都把审美视为社会进步和主体解放的重要途径。要说清审美的这一潜能,得从现代社会的日常生活现状谈起。

说到日常生活,每个人对它都非常熟悉,都可以讲出许多日常生活的趣事和体会。从现象上说,日常生活是丰富多彩的,每个人的具体生活情境都有所不同。企业家的日常生活与工程师的日常生活不同,经纪人的日常生活与演艺人士迥然异趣,老师的日常生活与学生也不一样,外交官的工作与地质勘探者的生活境遇可谓天壤之别。每个人都植根于特定的日常生活中,衣食住行、生老病死构成了我们日常生活的世界。但是,日常生活并不总是充满诗意和变化的,它有一些共同的特征引发了我们的思考。

首先,所谓的日常性,本义是指“每天发生的”“通常习惯的”或“平凡的”“普通的”的生活境况。办公室里的白领,和流水线上的操作工,尽管职业不同,工作殊异,但有一点是共同的,他们每天都遭遇同样的事务。于是,日常生活难免带有一种天天如此的刻板性和平庸性,哲学家海德格尔称之为“平均状态”。“平均状态是一种常人的生存论性质。常人本质上就是为这种平均状态而存在的。”[①]在他看来,日常生活的这种平均状态,也就是人人如此的状态,这便导致了“常人”的出现。“常人”就是与他人没有差别,他们往往失去了对冒险和反常东西的兴趣,乐于按照某种“公众意见”办事,木然地忍受着生活的“日常状态”。所以海德格尔的结论是:“常人以非自立状态与非本真状态的方式而存在。”[②]也许是由于对日常生活这种状态的不满,所以海德格尔提出了“诗意栖居”的概念,并身体力行地实践,他在荷尔德林的诗歌中神游,在环抱自然的森林小木屋里静思,力图摆脱那种刻板平庸的日常生活。从这个角度来说,打破日常生活的沉闷平庸,寻找富有诗意的生存方式,便成为人们的必然选择。日常生活的平庸、委琐和糜顿,带有消磨人意志和个性的机能,它把“一切源始的东西在一夜之间被磨平为早已众所周知的了。……任何秘密都失去了它的力量”[③]。日常生活有可能把人们引向平庸和琐屑,由此构成了日常生活的某种压抑性。无聊和厌烦作为日常生活的典型心态便出现了。从这个角度看,日常生活显然带有某种惰性和保守性。

更进一步,在当代社会中,由于越来越普遍的专业分工和管理

---

① 海德格尔:《存在与时间》,三联书店 1987 年版,第 156 页。

② 同上书,第 157 页。

③ 同上书,第 156 页。

程序化,使得日常生活变得越来越趋向于“规章统治人”。办公室里有规章,流水线上有规章,上课学习有规章,甚至我们的饮食、交往、休闲都有章可循。有哲学家把这种社会描述为一个“总体性的管理的社会”,就是说日常生活的各个层面都受制于种种“游戏规则”而管理化了。这一点你一定会有自己的体会。社会学家韦伯把这种状况称之为“规章统治人”,它是现代社会工具理性发展的必然结果,是合理化和科层化的必然结果。于是,韦伯把这种日常生活形象地描述为一个“铁笼”。人不再是一个自由的创造性的存在,而是日益成为科层化和规章化的奴隶,成为庞大的管理机器的一个零部件。换言之,日常生活的刻板和惯例化,将人变成了一个工具性的存在。不仅如此,日常生活的日常性和刻板性,还压制了人们创造性的生活追求,通过流行时尚、大众文化、他人引导和社会惯例等多重日常生活的策略,使个体越来越满足于现成的俗套生活,按照别人设计好的模式去生活。于是,日常生活对个体创造性的无形抑制便成为一个严峻的问题。有心理学家指出,现代社会的日常生活模式在许多方面都抑制了人的创造性行为,中国当前的应试教育模式就是一个典型。心理学家罗杰斯一针见血地指出了现代日常生活五个领域的普遍问题:

1. 在教育中,我们倾向于培养完成其教育的各种适应者、因袭者和个体,而不是具有自由创造性的独特的思想家。

2. 在我们的闲暇活动中,被动的娱乐和严密组织的群体活动具有压倒一切的支配性,而创造性的活动则少得可怜。

3. 在科学中,存在大量的技术专家,但能创造性地提出富有成效假说的人则少得可怜。

4. 在工业中,创造只为少数人服务——经理、设计师、研究机构的负责人——而各种生活则尽力排斥创造性和独创性的努力。

5. 在个人和家庭生活中也有同样的情形。在我们穿着的衣服中,食用的食品中,阅读的书籍中,以及我们所把握的思想中,存在着一种趋向于适应陈规旧习的强烈倾向。独创性和标新立异常常被认为是"危险的"。[1]

罗杰斯所描述的这幅图景对我们来说并不陌生,我们今天确实面临着这样的日常生活状况。

再次,现代社会是一个日益专业化的社会,在这样的社会生活中,各种专业训练和专业资格变得日益重要。一方面,功利的态度制约着人们的生活态度,这是韦伯所说的工具理性发展的必然结果。因为工具理性的合理化就意味着做每一件事都经过理性的考量,以最小的投入和最大的产出为目标,所以工具理性必然导向一种功利的考虑,它成为人们行为的内在动机。这便导致了人的行为目标的褊狭和局限,进而形成了人的生活视野的狭隘。哲学家泰勒

① C. R. Rogers, "Towards a Theory of Creativity," in P. E. Vernon, ed., *Creativity*, Harmondsworth: Penguin, 1970, p. 138.

指出:工具理性乃是“一种我们在计算最经济地将手段应用于目的时所凭靠的合理性。最大的效益、最佳的支出收获比率,是工具主义理性成功的度量尺度”①。但问题在于,这种工具理性的盛行带来了广泛的不安:“令人害怕的是,应该由其他标准来确定的事情,却要按照效益或‘利益—代价’分析来决定;应该规导我们生活的那些独立目的,却要被产出的最大化要求所遮蔽。”②

这在当前大学学习和专业选择上体现得很明显,从某种角度说,社会需要高层次的人才,此乃社会进步的标志;从另一个角度看,人们获得必要的专业资格也是为自我在竞争激烈的人才市场上获得一个有利位置。在这种状况下,功利的考虑往往成为人们行为的内驱力。另一方面,专业化的社会不断以种种机制培育出各方面的专家,而专家又依赖于这些机制来获得名声、利益和资本。专业化的机制已经不再能够容忍人们的业余兴趣,巨大的专业机器正在把每一个人都变成特定专业领域里的专门家。这就导致了人们探索兴趣的畸形,好奇的创造性的探索被特定体制内的游戏规则所取代,思考的乐趣被现实的好处算计所取代。从这个视角看,日常生活的专业化导致了人的活动日益狭隘与局限。比如体育运动,奥林匹克的业余精神已经逐渐丧失,它正在蜕变为一种专业技能的较量和追逐商业利润和名声的巨大市场。那种来自内心世界的自发的

① 泰勒:《现代性之隐忧》,中央编译出版社 2001 年版,第 5 页。
② 同上书,第 6 页。

游戏冲动受到了空前的压制。

复次，日常生活越来越理性化的发展趋向，导致了工具理性的支配地位，进而产生了人性的内在分裂。尤其是感性和理性的分离，物质对精神的压抑，人与自然的脱节等现象变得日趋明显起来。早在工业时代初期，诗人席勒就发现了现代社会人性面临的危机。在他看来，人有不同的冲动，在古典时代，这些冲动是和谐一致的；但是到了现代社会，感性冲动和形式冲动便处于对立状态之中。所谓感性冲动是指人的本能冲动，而形式冲动是指人的道德冲动。后者要压制前者，前者又要反抗后者，两者的分裂形成了现代人性的裂隙。"前者（感性冲动）不要进入立法的领域，后者（理性冲动）不要进入感觉的领域。感性冲动的缓和决不能是肉体无能为力和感觉迟钝的结果，……它只能是一种自由的行动，只能是人格的一种活动。……形式冲动的缓和同样不是精神的无能为力和思考力或意志力懒散的结果，这只能使人性恶化。"[①]这个主题在当代许多思想家那里得到了进一步展开。弗洛伊德从心理学角度深刻剖析了人格结构的冲突，本我和超我的冲突结构，需要通过自我来调适；马尔库塞对工具理性对人的压制作了深入批判，指出了逻各斯和爱洛斯的对立以及前者对后者的压制，单面人的危险已迫在眉睫。"技术逻各斯被转化为持续下来的奴役的逻各斯。技术的解放力

① 席勒：《美育书简》，中国文联出版公司 1984 年版，第 82—83 页。

量——事物的工具化——成为解放的桎梏;这就是人的工具化。"①另一方面,技术的进步又使日常生活中物质因素不断提升,精神的因素则受到了压制。这种现象在当代社会变得异常凸显,尤其是随着消费社会的出现,人们对物质需求的欲望被空前激发起来,而精神层面的生活在遭遇物质层面空前压制的同时,又面临着文化过度商业化和时尚化的危险。当人们沉醉于标准不断攀升的衣食住行生存时,便淡忘和冷落了自己内在的精神需求,忘却了滋养精神,不再重视培育自己的审美感兴能力。诸如此类的问题不同程度地存在于我们的日常生活之中,有些现象我们会觉察到,有些现象则难以察觉。日常生活的这些问题是普遍存在的,只是程度有所不同而已。那么,如何解决这些问题呢?

席勒在谈及感性冲动与形式冲动的冲突时,曾寄希望于另一种冲动来协调,他名之为"游戏冲动",也就是审美冲动。在席勒看来,最广义的美是从两种冲突中相互作用和对立原则的结合中产生出来的,因此,审美活动带有弥合冲突的功能,它以活的形象为中介,克服了感性冲动和形式冲动各自的强制性,"在游戏冲动中,两种冲动的作用结合在一起,它同时在道德上和自然上强制精神,因为它排除了一切偶然性,从而也就排除了一切强制,使人在物质方面和道德方面都达到自由。"他的结论是:"终于可以这样说,只有当人在充分意义上是人的时候,他才游戏;只有当人游戏的时候,他

① 马尔库塞:《单面人》,湖南人民出版社1988年版,第136页。

才是完整的人。”[1]席勒所提出的解决方案恰恰道出了美学的真谛，如果你重温王夫之“能兴者谓之豪杰”的看法，黑格尔“审美带有令人解放的性质”的论断，便可以瞥见美学在现代社会中的巨大潜能。

有一个现象似乎印证了上述看法，那就是艺术在现代社会中常常扮演了复杂的“反派”角色，具有振聋发聩的功能。就中国古代艺术来说，张璪提倡“外师造化，中得心源”，李贽强调“童心说”，石涛提倡“至人无法”，或许都带有颠覆日常生活陈规旧习的意味。但现代社会的日常生活不同于传统社会，更加强化了某些消极的层面。因此，现代艺术似乎更加带有反抗日常生活消极性的动能。比如，现代主义阶段中许多先锋派艺术，就激进地否定了日常生活。唯美主义作为现代主义的先声，从表面上看有颓废和形式主义之嫌，但究其根源不难发现，唯美主义的出现有其必然的原因，那就是对日益平庸无聊的中产阶级生活方式的偏激反叛，追求一种超然的美的生存方式。这么来看，王尔德、戈蒂耶等人追求新奇怪异也就不足为奇了。在他们看来，不是艺术模仿生活，而是生活模仿艺术。这个偏激的主张后面隐含一个更加深刻的看法，如王尔德所言：“生活的自觉目的在于寻求表现，艺术为它提供了某些美的形式，通过这些形式，他可以实行他那种积极的活动。”[2]王尔德看出了艺术对生活的深刻作用，针对日常生活中单调、风俗、奴役和习惯的专制，

---

① 席勒：《美育书简》，中国文联出版公司 1984 年版，第 85、90 页。

② 王尔德：《谎言的衰朽》，赵澧、徐京安主编：《唯美主义》，人民大学出版社 1988 年版，第 143 页。

他鲜明地提出艺术具有振聋发聩的功能和瓦解的力量。① 换言之，是艺术弥补了生活的不足，它为生活提供了新的形式。德国学者马腾科洛发现，形式在唯美主义那里是一个崇拜对象，当它转入政治领域时，内容的非决定性便为任何意识形态的扩展敞开了大门。②美国学者卡利奈斯库认为，"为艺术而艺术"在欧洲的出现，暗中隐含着一个目的，那就是对抗资产阶级平庸的价值观和庸人哲学。这种倾向在戈蒂耶的理论中体现得彰明较著。"为艺术而艺术是审美现代性反叛庸人现代性的第一个产物。""对于以下发现我们将不会感到惊奇，宽泛地界定为为艺术而艺术，或后来的颓废主义和象征主义，这些体现激进唯美主义特征的运动，当它们被视为对中产阶级扩张的现代性的激烈雄辩的反动时，也就不难理解了，因为中产阶级带有这样的特征，他们有平庸的观点，功利主义的先入之见，庸俗的从众性，以及低劣的趣味。"③

人是具有超越性的物种，对生存局限的不断超越成为人类社会进步的内在动因。心理学揭示了人不断上升实现自我的内在倾向。马斯洛发现，人的需要来自不同的层次，低一级需要得到满足以后，高一级需要便成为追求的目标。依据他的需要层次理论，人有五种

---

① 韦勒克:《近代文学批评史》第 4 卷，上海译文出版社 1997 年版，第 481—482。

② P. Bürger, *Theory of the Avant-Garde*, Minneapolis: University of Minnesota Press, 1984, p. 111.

③ M. Calinescu, *Five Faces of Modernity*, Durham: Duke University Press, 1987, pp. 44—45.

基本的需要,它们依次上升构成人的需要系统。这五种需要依次如图:

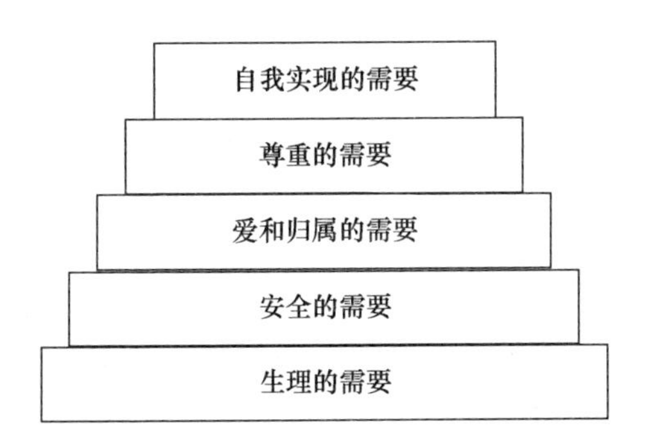

生理的需要诸如吃喝休息等等,是人生存的基本要求;这个要求得到满足后便会有安全的需要,亦即对组织、秩序和安全感可预见性的要求;再往上是爱和归属的需要,人是社会的动物,需要爱别人并被别人爱,进而使自己归属于一个特定的社会群体,以此克服孤独和空虚;更进一步是尊重的需要,需要得到别人承认,因此而产生独立、胜任和自信等情感,否则将会导致沮丧和自卑;如果以上需要都得到满足,最后产生自我实现感。

> 如果他最终要得到自身安宁的话,那么音乐家必须作曲,艺术家必须绘画,诗人必须写作。人必须成为他能够成为的人。我们称这种需要为自我实现。①

---

① 转引自赫汉根:《人格心理学导论》,海南人民出版社 1986 年版,第 449 页。

值得注意的是，马斯洛特别提到，在自我实现中，还有两种需要存在，一是认知的需要，二是审美的需要。如果我们把需要理论和另一个重要概念“高峰体验”结合起来理解，便可窥见美学的真谛。尽管“高峰体验”存在于生活的不同方面，但它明显带有审美的特性。它“来自审美感受（特别是对音乐），来自创造冲动和创造激情，来自女性的自然分娩和对孩子的慈爱，来自与大自然的交融（在森林里，在海滩上，在群山中，等等）……”①或许我们可以把“高峰体验”看作是“自我实现”状态的典型感受。马斯洛把“高峰体验”的特征描述为：比其他任何时候都觉得是完整协调的；在更纯粹、个别化时与世界融为一体；感到自己处在能力的顶峰，最完善地运用了自己的全部智能；感觉处于最佳状态，一切都毫不费力的和得心应手的；倍感自己处于负责的、主动的和创造的中心，是自己命运的主人；摆脱了阻碍、抑制、畏惧、怀疑，体验到价值感、自我承认、自爱、自尊等；自发的、更表现性的、更单纯的行为，一切都是自然流露；极端的个体性、唯一性和特异性，不可替代；最具有此时此地感，全神贯注于体验；表达和交流倾向于诗一般的、神秘的和狂喜的；觉得特别幸运、侥幸和恩遇，惊愕、出乎意料、惬意的认知振动是经常的反应，等等。② 这种体验与王夫之所说的“兴者生乎气也”的状态是一致的，它超越了日常生活的琐屑、枯燥和平庸，把人升华到一个

---

① 马斯洛等：《人的潜能和价值》，华夏出版社1987年版，第368页。
② 详见马斯洛：《存在心理学探索》，云南人民出版社1987年版，第94—104页。

更高的境界。这正是审美的功能和状态，也是审美的解放潜能的实现。

小资料：高峰体验

高峰体验是心理学家马斯洛创造的一个概念，用以描述一个人生命中的某个深邃的时刻 。比如，当他感到与万物和谐时，感到澄明、自发性、独立性和敏捷时，常常意识不到时间和空间的存在。马斯洛的兴趣在于这样的奇妙时刻的产生，特别是它们与自我实现的到达的关系。

——《企鹅心理学词典》，企鹅图书公司 1995 年版

这里，我们不妨把日常生活特点和艺术的审美特质作一比较，从中审视艺术所带有的美学潜能。

根据对**日常生活**很有研究的哲学家赫勒的看法，日常生活与艺术在如下几个方面有所不同：第一，日常生活常常是“拜物的”，它把事物和惯例作为给定的，按其既成的形式加以接受，从不追究它们的起源。但艺术则不同，它追究事物的起源，并提升到更高的类的水平。艺术的这种探索和批判性超越了日常生活的局限性和褊狭性。第二，日常生活往往缺乏激情，因为它是日常的、刻板的和重复的，但艺术却常常充满了变化和激情。第三，日常生活受制于直接需要，而艺术虽然从日常需要中产生，但逐渐脱离了这种需要，不再与人们的直接利益联系。这也就是说，艺术获得了某种自主性，

可以摆脱日常生活的功利限制和要求，进而超越它升华到一个更高的人生境界。因此，艺术是超越功利和实用主义的，它给人带来审美的愉悦的同时也陶冶人的精神。最后，将艺术引入日常生活，可以改变我们和世界的关系，培育出有教养的欣赏者。① 这一比较说明，艺术的确与日常生活有所不同，惟其如此，所以艺术才能对提高日常生活的生存质量有所裨益。

毫无疑问，缺乏**美学精神**的日常生活将是枯燥乏味的。歌德曾经说过这样一段话："要想逃避这个世界，没有比艺术更可靠的途径；要想同世界结合，也没有比艺术更可靠的途径。"②艺术的这一辩证的表述表明，艺术具有某种特殊的功能，既可以使人超然于日常生活的琐屑局限之上，进入一个更高的精神境界；又可以使人重返现实世界，以更高的美学视野来重塑现实世界，提升个体、群体乃至全人类的生存品质。

美学精神

至此，我们可以一起来思考一下美学对日常生活的"解放"潜能。具体说来，美学的作用体现为美学精神对日常生活的塑造上，也就是对作为社会主体的人的精神提升上。为了表述的方便，我们

---

① 赫勒：《日常生活》，重庆出版社 1990 年版，第 50 页以下。

② 《歌德的格言和感想录》，中国社会科学出版社 1982 年版，第 91 页。

把美学精神概括为如下几个层面。

究其本质,美学精神首先是一种游戏精神。审美的游戏性历来是中西美学所探讨的核心问题,这个问题也可以表述为审美的无功利性。在一个充满了实用功利的日常生活中,多一点美学的游戏精神不但是可能的,而且是必要的。王夫之所谓"终日劳而不能度越于禄位田宅妻子之中,数米计薪,日以挫其气,仰视天而不知其高,俯视地而不知其厚,虽觉如梦,虽视如盲,虽勤动其四体而心不灵",说的就是人被功利考虑压迫和限制的窘境。更进一步,在一个日益专业化的社会里,专业态度和利益考量往往成为人们行为选择的内在动因,如何超越实用的专业立场,多一点"业余精神",显然是一个值得思考的问题。显然,审美的游戏性可以淡化和消解实用功利态度和专业态度,让我们充满游戏精神和超然态度。还有,充满竞争的现实生活往往把人变得日益世故和粗鄙,生存技能和利益驱动将人锁定在各种实用功利的考虑之中,人性中的童心和天真被无情地压抑了。而审美的游戏则可以唤起我们本真的童心和天真,恰如马斯洛的高峰体验概念所描述的,那里有"健康的儿童性"或"第二次天真"。游戏使人脱离了日常生活的种种限制和陈规,舒展了自己的天性、情感和想象力。林语堂认为,真正的艺术精神是一种游戏的精神,而不是艺术家追求不朽或立名,艺术精神如要成为普遍的,要深入社会各个角落,就必须把艺术视为游戏。一个国家产生罗丹那样的大师固然重要,但更重要的是教会所有学生热爱雕塑,亲自动手塑造:

> 我主张各方面的人士都有业余活动的习惯。我喜欢业余的哲学家,业余的诗人,业余的摄影家,业余的魔术家,自造房屋的业余的建筑家,业余的音乐家,业余的植物学家,和业余的飞行家。我听着一个朋友随便弹着一首钢琴的乐曲,跟听一个第一流的职业者的音乐会一样地快乐。人人在客厅里欣赏他的朋友的业余魔术,比欣赏台上一个职业魔术家技艺更来得有兴趣;作父母的欣赏子女的业余演剧,比欣赏莎士比亚的戏剧更来得有兴趣。我们知道这是自然发生的情感,而只有在自然发生的情感里才找得到艺术的真精神。为了这个缘故,我觉得这种自然发生的情感非常重要,中国的绘画根本是学者的消遣,而不是职业艺术家的消遣。艺术保持着游戏的精神时,才能避免商业化的倾向。①

当我们不再以功利的态度来考虑问题时,当我们不再以职业的观点来面对生活时,当我们把业余的游戏精神引入办公室和课堂时,美学便松动了刻板重复的日常生活。我们便可以在其中发现更多的美感愉悦,感悟到更加深刻的生存意义。道家美学有一个经典命题,叫作“涤除玄鉴”(老子)。“涤除”就是使心灵空明虚静,抛弃那些欲念和偏见,这样便可以看到(“鉴”)深邃的东西(“玄”)。这个命题后来演变成一系列中国美学的重要范畴和命题,诸如庄子的

① 林语堂:《艺术与消遣》,《林语堂作品精选》,广西师范大学出版社2000年版,第163—164页。

“心斋”“坐忘”,宗炳的“澄怀观道”等等。这一思想传统强调的正是美学的游戏精神。在席勒那里,游戏冲动不仅被视为克服人性分裂的必经之途,而且被看作是人所以为人的本质规定。简而言之,审美的游戏精神是抵制日常生活中许多限制、区分和压抑的有效手段,让我们的生活中多一点游戏精神吧!

其次,美学精神是一种超越精神。韦伯说日常生活带有“铁笼”的性质,说的是日常生活中的工具理性原则控制了人的行为和思想。他甚至认为知、意、情的分化,使得认识活动的工具理性和伦理活动的实践理性带有强制和压抑性质。因此,在他看来,审美具有某种世俗的“救赎”功能,“无论怎样来解释,艺术都承担了这一世俗的救赎功能,即它提供了一种从日常生活的刻板,尤其是从理论的和实践的理性主义的压力中解脱出来的救赎”①。韦伯的说法揭櫫了审美的一个重要潜能,在这一点上,它不是宗教却起到了类似宗教的作用,一种世俗的“救赎”,亦即一种超越。“超越”在这里的含义极其丰富,它指的是对日常生活局限的超越。首先,审美活动为人们提供了一个精神陶冶和愉悦的想象空间,这就打碎了具体的日常生活强加在个体身上的种种局限。任何一个个体总是生活在特定的环境里,这一环境既使之适应它,同时也就限制了他的种种可能性。比如,一个人的职业、社会关系和经历,总是受到环境限

① H. Gerth & C. W. Mills, eds., *From Max Weber: Essays on Sociology*, New York: Oxford University Press, 1946, p. 342.

制，因此他的精神体验和潜能也就受到了限制。但审美活动为个体提供了更加广阔的空间，为打破这些局限创造了可能。你可以在文学作品的阅读中想象地经历无限复杂的遭际和命运（比如《阿Q正传》），在悲剧和喜剧中遭遇一生都无法碰到的性格冲突（比如《雷雨》），在绘画作品里看见从未见到过的色彩和景观（比如凡·高的《星空》），在聆听音乐时感受到无比悲愤的情感（比如《江河水》）。当你和作品中的人物情感共鸣时，当你深刻体验到蕴含在作品中的复杂情绪时，当你随着情节进展而一同喜怒哀乐时，你便暂时摆脱了自己的生活局限，进入到一个更加广阔的想象世界，现实对我们的种种限制在这时都不复存在了，你那原本有限的精神阅历和生命体验顿时变得丰富多彩起来。

美学精神所包含的超越是多方面的，在这些超越中，它还给予审美主体某种形而上的慰藉，唤起了主体对许多终极关怀的感悟，这在日常生活中是很少出现的。显然，人有别于动物，他作为一个自由的反思主体，必然会有一种形而上的追索和追问，有一种对人生的意义、民族的命运、人类未来的深切关怀。哲学家说得好：导致产生世界意义和人类存在意义问题的“形而上学欲望”，在今天变得十分强烈了。[①] 因为今天我们面临着越来越多的问题和困境，所以这样的终极关切变得日益重要起来。而审美活动为这种形而上的追索提供了可能，因为艺术常常蕴含了复杂的形而上的体验和思

---

① 施太格缪勒：《当代哲学主流》上卷，商务印书馆1986年版，第25页。

图 70　凡·高　《星空》

考。例如,时间性与人的生存的关系问题,就是一个形而上的哲学问题,在许多哲学家卷帙浩繁的著述中多有论述。但诗人对时间与人生意义的关联的体验,一点也不逊色于哲人,甚至可以说,诗人的描述更加生动具体地展示了时间对于人生的复杂意味。从屈原"惟天地之无穷兮,哀人生之长勤。往者余弗及兮,来者吾不闻",到张若虚的"江畔何人初见月?江月何年初照人?人生代代无穷已,江月年年只相似",再到陈自昂"前不见古人,后不见来者。念天地之悠悠,独怆然而涕下",人生的苍茫感、历史感如此生动地呈现出来,时间的无限与人生的有限比照鲜明。这种形而上的体验往往是日常生活的有限性所难以提供的。你可以尽情地发挥自己的想象,去体验艺术作品甚至大自然那深邃博大的意蕴,如同哲人所言,在这样的超越中,人们"以某种方式直觉到并不是他自身而是他所属的本质力量,他在深邃的视野中直觉到某种深刻之物,在世界所涌流的可见的和不可见之物中直觉到某种深刻的东西"①。不少哲人智者都谈论过审美的这种境界,马斯洛说在"高峰体验"中有某种诗一般的、神秘的和狂喜的,觉得自己特别幸运和恩遇,并经常产生惊愕、出乎意料、惬意的认知震动;伽达默尔描述说,在审美中有一种令人震撼的亲切,它具有谜一样的特质,粉碎了我们熟悉的事物,在一种欣喜与恐惧的震惊中发出慨叹:是你呀,你必须改变自己的生

---

① M. Dufrenne, et al., *Main Trends in Aesthetics and the Sciences of Art*, New York: Holmes & Meier, 1979, p. 235.

活！用王夫之的话来说,那就是“能兴者谓之豪杰。兴者,性之生乎气者也”。

再次,美学精神乃是一种和谐精神,它有助于弥合由日常生活所导致的种种区隔和分裂。就现代日常生活的特性来说,种种对立与分裂日渐显著,诸如理性与感性的分离,前者压倒了后者;物质对精神的侵蚀,前者吞噬了后者;社会与个体的矛盾,群体和从众行为遏制了个体灵性的自由伸展等等。从根本上说,美学精神就是一种指向和谐的冲动,恰如美本身的和谐品格一样。席勒在强调游戏冲动可以弥合感性冲动和形式冲动的分裂与强制时,特别突出了审美的这种和谐潜能。韦伯坚信审美可以摆脱工具理性和实践理性的刻板与强制,说的也是这个意思。

有人曾以嬉戏的笔调描写了当前大学文理分科导致的种种局限,读来既有幽默意味,又给人以一种沉重感:

> 文科生看理科生:呆。
>
> 理科生看文科生:酸。
>
> 文科生最头痛的事:1530 元存了 3 个月零 7 天,利息 2.14% 扣去 20% 利息税,最后总共是多少?
>
> 理科生最头痛的事:情人节的前一天,在烛光下苦思冥想,给女朋友的卡片上写点什么才好呢?
>
> 文科生对文科生吹嘘:最近我对爱因斯坦的相对论做了进一步的研究。

理科生对理科生吹嘘:《红楼梦》中的诗词歌赋我已烂熟于心。

两科女生的理想男友:文科男生的嘴(甜)+理科男生的腿(勤)。

两科男生的理想女友:文科女生的外表(美)+理科女生的头脑(慧)。

文科生最沮丧的事:碰见一个诗词比自己记得多的理科生。

理科生最沮丧的事:碰见一个电脑比自己玩得好的文科生。①

无论头痛的事抑或沮丧的事,不管是自我吹嘘还是如何看待理想伴侣,这些描写虽有些夸张,却也道出了专业分工对人的限制。如果我们多一点美学精神和人文关怀,多一点审美趣味和修养,多一点艺术兴趣和欣赏经验,便可超越这些局限变成更加全面发展的人。美学的理想之一就是超越分工和专业的限制,全面发展人的种种潜能。在这个意义上说,审美教育和审美活动有助于提高人的人文素质,弥合日常生活的分工和局限所导致的心智分裂。当代心理学指出了一个严峻的事实,那就是理性的过度片面发展,导致了大脑两半球功能的失调。由于左半球是掌管人的理性思维能力的,而右半

① 引自《青年作家网络文学》2001 年第 1 期。

球则是负责情感和想象力的，认知活动的空前发展使得左半球成了所谓的“优势半球”，而右半球则遭到了明显的冷落和压制。前引理科生的种种表现即如是。在这些方面，美学是大有用武之地的。通过广泛的审美教育，将美学精神引入日常生活，恢复我们的右半球机能，协调两半球的运作，平衡人的理性与感性能力，便是一个可以实现的目标。当前大学教育强调素质培养，鼓励人文涵养和审美趣味的提升，都有助于改变理性与感性的分裂，在这方面，美学大有用武之地！

再次，美学精神也是一种宽容精神。宗炳的“澄怀观道”说深刻地揭示了审美所独有的“空故纳万镜”的心胸。艺术世界可谓无所不包，不管艺术家抑或欣赏者，深爱艺术钟情审美，就会在艺术世界里耳濡目染，便会培育出海纳百川的宽容精神。这种宽容不但是对人世万种风情的接纳，也是对大自然斑斓色彩的赞许。宽容说到底就是对差异性的尊重和认可，有了这种宽容，就有了一种发自内心的对他人、社会、自然界的尊敬，就会更好地协调人与人、人与社会、人与自然的复杂关系，就会更具爱心地关怀他人、社会、环境和自然界。所以，宽容之心总是和博爱之心密切关联，宽容之心又隐含了某种平等的价值观，并总是呈现为某种对话取向。艺术不但是艺术家与社会、自然的对话，也是欣赏者与艺术家及其所表征的世界之间的对话，对话的核心其实不在说而在善于倾听，如海德格尔所表述的那样，交谈的首要条件是倾听，正是由于有了听，说才成为可能。具有美学精神的艺术家和欣赏者应是真正的“倾听者”，艺术家倾听生活，欣赏者倾听艺术，由此构成多声部的“复调”艺术世界。只有一种声音的“独白”所构成的宰制是可怕的，一言堂式的言说由于缺乏倾听是悲哀的。所以，培育人的美学精神，也就是培育人自觉的宽容、差异、平等、博爱和对话意识。大凡具有艺术气质和审美修养的人，一定是充满宽容之心的人，一定是尊重差异的人，一定是追求平等的人，一定是有博爱之心的人，一定是善于倾听别人的人。

最后，美学精神还是一种独立精神。我们每天遭遇的日常生活事件，充满了媒体、影像、广告、时尚、偶像、成功典范等等。较之于传统社会的日常生活，现代社会的从众现象变得越来越普遍。群体的压力，他人的引导，依从的倾向，日常性的刻板，都在不同程度地消磨着个性。有心理学家做过典型的实验，发现人们在作出独立判断时往往受到外在环境的干扰，以致宁愿作出和群体一致的错误判断，而放弃自己的独立判断。因此，在现实的日常生活中，个体的独立性受到了空前的压制，前面我们所引用的罗杰斯的说法就触及这种现状。日常生活通过种种策略，不断地使人调适和社会化，进而塑造出大量的“常人”和“庸人”，与别人一样不但是一种生存的模式，而且成为最安全的方式，因为“与众不同”常常蕴含着危险。

然而，在审美的世界里，个性和独创性则被作为最宝贵的东西而加以呵护。从艺术家追求个人独到发现，到强调艺术品独特的个性风格，再到如何以独具眼光的视角来引导欣赏者进入艺术的殿堂，审美的世界就是个性张扬的世界。在这个世界里，不仅艺术家的个性和风格得到了强调,而且欣赏者自己独具个性的欣赏和理解也被大力提倡。所谓“一千个读者就有一千个哈姆雷特”的说法,突出的就是审美理解的个体性,它为伸张审美理解的个性创造了可能。在这个世界里,不存在强制的统一的标准和趣味,也不存在霸权性的趣味和标准,百花齐放和百家争鸣是它固有的品格。

所以,在审美活动中,陌生的眼光变得十分重要了。所谓陌生的眼光,就是发现的眼光。艺术家通过艺术创造传达出被陌生眼光所陌生化了的日常生活,而欣赏者又通过自己的眼睛把握到艺术家那陌生的眼光,进而学会如何陌生地看待世界。罗丹说,伟大的艺术家不过是在人们司空见惯的地方发现美;里尔克语重心长地对青年人说,在创造者眼中,没有什么是平淡无奇的。个性的发现和表达乃是审美活动的真谛,进入审美的境界,就是培育和滋养我们独具个性的陌生眼光,就是保留自己可贵的个性的自由建构。

至此,读者也许不难发现,处在现代化和全球化进程中的当代中国,美学的确深蕴着不可小觑的“解放潜能”。

诗意地生存

现在,我们可以进一步玩味歌德那句话的深义了。歌德说:“要想逃避这个世界,没有比艺术更可靠的途径;要想同世界结合,也没有比艺术更可靠的途径。”这里的“逃避”我们宁愿作积极的理解,那就是超越。“逃避”决不是“躲进小楼成一统”消极退避，而是相反，超越日常生活是为了更好地进入日常生活，是更好地重塑日常生活。于是，歌德的后一句话便可以解释成，同世界的结合，就是以美学的精神看待日常生活，改变其平庸而乏味的状态，从而构建诗意的生存。

亲爱的读者，美学风景的浏览已接近终场。回到我们开篇就陈说的一个基本看法上来，美学与其说是抽象的教条和玄奥的理论，不如说它更像是一种精神，一种可以贯穿在我们生活之中的**生存智慧**。诗意的生存向来不是少数专业艺术家的权利，毋宁说，它是我们每一个人理想的生存境界。

诗意地生存就是用美学的观点来认识你自己，倾听你自己，改变你自己，塑造你自己！从日常生活的工具理性的压制中解脱出来，把审美的观念引入生活；就是提升你自己，以美学的思维来缔造自己的生活。

发挥你的艺术潜能吧！创造性地解决你所碰到的问题吧！把枯燥乏味的日常性改造成充满无限可能性的每一天！

尽力伸展你的想象力，用心培育你对事物的审美敏感性和同情心。坚信天底下没有什么是一成不变的：太阳每一天常新，工作每一天常变。守住自己的个性，坚持独立思考和批判精神。多一点率真和童趣，少一些暮气和世故；多一些游戏精神和“业余”态度，少一些专业功利和实用主义；多一些感性世界的自我关怀，少一些工具理性的压制和依从。学会审美地看待自己的生存环境，多动手艺

图 71　优美的风景

术实践，将自己的日常环境变得更具美学意味；学会欣赏各种事物，不但是优美的事物，而且是崇高的、悲壮的、幽默的甚至是怪诞的。总之，诗意的生存从来都是未完成的，开放的，需要不断地更新。诗意的生存不需要条条框框，或是恪守某种原理定律，它真正需要的是你的亲历亲为，以一种美学的智慧为指导并发展这一智慧。

至此，我们关于"何为美学"的闲聊可以暂告一段落了。也许，我的任务就是打开那一扇扇朝向美学风景的窗户，在你眼前敞开一个丰富多彩的世界，我相信，此刻你对美学已是兴致盎然了。

最后，我想说，对美学思考来说，永远不会有终结。因为美学精神总是在创新中开始新的征程！

你听见了吗？美学正在向你发出试着改变你自己的亲切召唤！

关键词：

美学精神　日常生活　诗意地生存　生存智慧

延伸阅读书目：

1. 叶朗：《人生境界》，载叶朗：《美学原理》，北京大学出版社 2009 年版。

2. 马尔库塞：《论新感性》，载马尔库塞：《审美之维》，三联书店 1989 年版。

编 辑 说 明

自2001年10月《经济学是什么》问世起，“人文社会科学是什么”丛书已经陆续出版了17种，总印数近百万册，平均单品种印数为五万多册，总印次167次，单品种印次约10次；丛书中的多种或单种图书获得过“第六届国家图书奖提名奖”“首届国家图书馆文津图书奖”“首届知识工程推荐书目”“首届教育部人文社会科学普及奖”“第八届全国青年优秀读物一等奖”“2002年全国优秀畅销书”“2004年全国优秀输出版图书奖”等出版界的各种大小奖项；收到过来自不同领域、不同年龄的读者各种形式的阅读反馈，仅通过邮局寄来的信件就装满了几个档案袋……

如今，距离丛书最早的出版已有十多年，我们的社会环境和阅读氛围发生了很大改变，但来自读者的反馈却让这套书依然在以自己的节奏不断重印。一套出版社精心策划、作者认真撰写但几乎没有刻意做过宣传营销的学术普及读物能有如此成绩，让关心这套书的作者、读者、同行、友人都备受鼓舞，也让我们有更大的信心和动力联合作者对这套书重新修订、编校、包装，以飨广大读者。

此次修订涉及内容的增减、排版和编校的完善、装帧设计的变化,期待更多关切的目光和建设性的意见。

感谢丛书的各位作者,你们不仅为广大读者提供了一次获取新知、开阔视野的机会,而且立足当下的大环境,回望十多年前你们对一次"命题作文"的有力支持,真是令人心生敬意,期待与你们有更多有益的合作!

感谢广大未曾谋面的读者,你们对丛书的阅读和支持是我们不懈努力的动力!

感谢知识,让茫茫人海中的我们相遇相知,相伴到永远!

北京大学出版社

2015 年 7 月